Um futuro para a Amazônia

Bertha K. Becker
Claudio Stenner

Um futuro para a Amazônia

© Copyrigth 2008 Oficina de Textos

Assistência editorial Gerson Silva
Boxes sobre plantas amazônicas Erico Pereira-Silva
Capa e diagramação Malu Vallim
Entrevista jornalista Suzel Tunes
Projeto gráfico Douglas da Rocha Yoshida e Malu Vallim
Preparação de textos Gerson Silva
Revisão de textos Karina Gercke
Tratamento de imagens Malu Vallim

Dados Internacionais de Catalogação na Publicação. (CIP)
(Câmara Brasileira do Livro, SP, Brasil)

Becker, K. Bertha
Um futuro para Amazônia / Bertha K. Becker,
Claudio Stenner. -- São Paulo : Oficina de
Textos, 2008. -- (Série inventando o futuro)

Bibliografia.
ISBN 978-85-86238-77-2

1. Amazônia - Colonização 2. Amazônia -
Descrição 3. Amazônia - Geografia 4. Ecologia -
Amazônia 5. Geografia humana - Amazônia
6. Geopolítica - Amazônia 7. Proteção
ambiental - Amazônia I. Stenner, Claudio.
II. Título. III. Série.

08-05965   CDD-918.11

Índices para catálogo sistemático:
1. Amazônia : Florestas : Descrição 918.11
2. Amazônia : Geografia 918.11

Todos os direitos reservados à **Oficina de Textos**
Trav. Dr. Luiz Ribeiro de Mendonça, 4
CEP 01420-040 São Paulo/SP Brasil
fone: (11) 3085-7933 fax: (11) 3083-0849
site: www.ofitexto.com.br e-mail: ofitexto@ofitexto.com.br

Os autores agradecem a colaboração competente e amiga de Ivaldo Gonçalves Lima na leitura crítica do texto.

Apresentação

Este livro tem como ambição despertar ou aprofundar nos leitores o gosto pelo conhecimento científico orientado para o desenvolvimento humano e a paz no planeta, por meio da articulação de três temáticas fascinantes: a Geografia, a Amazônia e o futuro.

A Geografia, que em nosso entender é uma ciência política, existe desde a Antigüidade como prática estratégica visando à descoberta, ao uso e ao controle do espaço, fundamento que não foi eliminado com os novos conceitos, abordagens e objetivos à medida que se ampliaram o conhecimento e a população da Terra. Ela investiga a organização do espaço terrestre como resultado de interações complexas, sociais e entre a sociedade e a natureza, o que lhe atribui uma dimensão holística, além de estratégica. A apropriação do espaço em parcelas pelas práticas sociais gera territórios de extensão variada, que implicam a noção de limites e constituem fundamentos de identidades, interesses e políticas próprias, acentuando a dimensão política da Geografia. Finalmente, ela é o entendimento do espaço como *locus* da reprodução das relações sociais, ou seja, do espaço como dimensão constituinte das relações sociais, o que permite atribuir-lhe o significado de um poder, em si.

O espaço geográfico é, assim, produto de relações sociais e condicionante dessas relações, e o modo pelo qual o espaço é apropriado e gerido, bem como o conhecimento desse processo constituem, a um só tempo, expressão e condição das relações de poder. Vale registrar que a virtualidade de fluxos e redes que sustentam a riqueza circulante no processo de globalização – financeira, informacional, mercantil – tornou mais complexa a análise do espaço geográfico e dos territórios, mas não reduziu o seu valor estratégico como dimensão constituinte das relações sociais e como *locus* de riquezas *in situ*. É o caso, sobretudo, da natureza, processo que nos remete à Amazônia.

A Amazônia, cuja magnitude da natureza tropical, historicamente, fez parte do imaginário social como espaço alternativo – seja como paraíso, seja como inferno verde –, passou a ter seu valor na representação simbólico-cultural condicionado pela centralidade que assumiu, no novo contexto, a sustentabilidade da Terra. Natureza tropical, cuja exploração contribuiu para a expansão do sistema capitalista sem, contudo, usufruir seus benefícios, passou a ser valorizada no novo contexto como capital de realização futura e fonte de poder para a ciência, tornando-se um dos três grandes eldorados reconhecidos contemporaneamente: os fundos oceânicos, ainda não regulamentados juridicamente; a Antártica, partilhada entre as potências, e a Amazônia, único dos três a estar sob soberania de Estados Nacionais.

O valor do patrimônio natural da Amazônia não se esgota na biodiversidade, que codifica a vida, constituindo base para a fronteira da ciência contemporânea, como a biotecnologia e a engenharia genética. Sua influência no clima global é, hoje, objeto de preocupação central, em face do aquecimento global previsto, e seu potencial em água se valoriza crescentemente, em virtude do crescente consumo mundial e da busca de nova matriz energética. Não por acaso, portanto, a região tornou-se alvo de disputa das potências e de forte pressão internacional que envolvem interesses geopolíticos, além de ambientais, científicos e econômicos.

Pelo potencial e a oportunidade que passou a representar para o mundo, de promover uma utilização alternativa de recursos naturais e de manter a sustentabilidade do planeta, a Amazônia adquiriu valor simbólico para o futuro da humanidade.

O futuro, preocupação do ser humano que remonta à Antigüidade – ora como algo a se descobrir, ora como algo totalmente imprevisível, ora como utopia –, ganhou novos significados ao longo de história da humanidade, assim como a Geografia e a Amazônia. Diga-se, aliás, que praticamente todas as utopias escritas no passado estavam associadas à descrição de espaços – a Atlântida, o Eldorado, Shangri-lá, e a própria utopia era uma ilha – e à descrição de um espaço em um tempo pensado como desejado.

É a partir do último quartel do século XX que se sistematizam e multiplicam concepções sobre o futuro, expressando a busca de um grau de certeza diante da aceleração e das incertezas e imprevisibilidades decorrentes do processo de globalização. E hoje, verdadeira corrida de previsões sobre o futuro se faz nos níveis internacional e nacional. Contribuição decisiva nesse contexto é dada por Harvey (1980), ao assumir que o futuro é uma construção baseada num poderoso recurso estratégico que é a imaginação; imaginação que permite entrelaçar a rigidez do racional-estratégico com a flexibilidade do emocional-aleatório, e que não se reduz a exercícios de devaneio, mas, sim, e, sobretudo, corresponde a uma consciência espacial.

Finalmente, para alguns pesquisadores, os pensadores dos países periféricos e semiperiféricos dispõem de maiores chances para contribuir com os estudos do futuro, porque nele vêem uma forma possível de libertação intelectual instigada pelos imensos problemas que enfrentam cotidianamente como cidadãos. E haveria, entre as nações, uma com mais chance de ser o berço desse futuro, porque é uma que reflete melhor o retrato do planeta, que poderia ser o Brasil ou mesmo a Amazônia (Lima, 2006).

Com efeito, a convergência de expectativas mundiais em relação à Amazônia, a possibilidade de se constituir em espaço alternativo para milhões de brasileiros, a extensão e riqueza desse espaço diversificado, o potencial ainda não decifrado pela ciência e pela tecnologia são fatores que favorecem essa utopia. Mas não é na utopia e, sim, na consciência espacial – sentimento que aprova as boas ações e reprova as más, que considera alternativas e suas conseqüências – que repousa a nossa proposta de futuro para a Amazônia; ela visa, se não ao berço de um futuro mundial, pelo menos a um futuro de maior justiça social para as populações regional e nacional, contribuindo para tornar o Brasil um país tropical desenvolvido – talvez o primeiro no mundo –, bem como para a saúde do planeta.

É a partir desses pensamentos que foram selecionados os capítulos que compõem este livro. Há, hoje, pelo menos três Amazônias a considerar: a florestal, identificada com a região Norte; a Amazônia Legal, que inclui, além dessa região, os estados do Mato Grosso, Tocantins e parte do Maranhão; e a Amazônia sul-americana, também florestal. Neste livro, privilegiou-se a Amazônia florestal e não se trata de analisá-la exaustivamente a Amazônia, já bastante focalizada em estudos e na mídia. O critério de seleção dos temas baseou-se em potencialidades regionais, sementes de futuro que podem ser germinadas pela Ciência/Tecnologia e Inovação (C/T&I), em coerência com a ambição de despertar ou aprofundar o gosto dos leitores pela pesquisa capaz de construir um futuro alvissareiro para essa região e para o Brasil.

Sumário

 Ciência, Tecnologia e Inovação na Formação da Amazônia ⟫ 11

 Biodiversidade: A Especiaria do Século XXI ⟫ 33

 Água, o Ouro Azul do Século XXI ⟫ 59

 Invertendo a Lógica da Exportação e Conectando ⟫ 81
as Populações da Floresta

 Manaus, Cidade Mundial numa Floresta Urbanizada ⟫ 103

 Um Futuro Desejado e Possível para a Amazônia ⟫ 119

 Traços do Futuro – Bate-Papo com a Autora ⟫ 143

Ciência, Tecnologia e Inovação na formação da Amazônia

A ocupação da Amazônia, assim como a do Brasil e de toda a América Latina, constitui um episódio dinâmico do amplo processo de expansão marítima, que ocorreu inicialmente por empresas comerciais européias e depois pelos Estados português e espanhol, o que caracterizou o período de formação do sistema capitalista. Forjou-se, assim, esse amplo espaço como a mais antiga periferia da economia-mundo capitalista, ancorado na relação sociedade-natureza denominada "economia de fronteira" (Boulding, 1966; Becker, 1997), em que o progresso é entendido como crescimento econômico e prosperidade inesgotáveis baseados na exploração da terra e de recursos naturais percebidos igualmente como infinitos. Grande ilusão, porque os recursos são finitos e o crescimento não é linear, contínuo, e sim sujeito a imprevisibilidades, crises e retrocessos.

A economia de fronteira tem um rebatimento territorial: a fronteira móvel, isto é, o deslocamento contínuo do povoamento e da produção no espaço. Foi essa fronteira móvel o fundamento territorial da construção da América Latina e, mesmo, dos Estados Unidos em sua história inicial.

Ciência, Tecnologia e Inovação (C/T&I) tiveram papel central na expansão do sistema capitalista e na "descoberta" e apropriação de novas terras e recursos. A busca persistente de acumulação pelas potências hegemônicas que se sucederam no tempo estimulou inovações para viabilizar sua expansão, inovações que, por sua vez, favoreceram sua maior e mais rápida expansão no planeta. É a partir da valorização de recursos de seu imenso potencial natural que se inserem a apropriação e o povoamento da Amazônia. Para tanto, inovações nas tecnologias de circulação e na ciência de inventário e classificação realizada pelos naturalistas europeus foram essenciais em todos os períodos de sua formação.

Historicamente, é patente que o desenvolvimento de C/T&I é um processo extremamente abrangente. Envolve informação, pesquisa, reflexões e conhecimento, descobertas e sua aplicação no processo de produção e de geração de novos produtos em todos os campos da vida e das atividades humanas. É no processo de aplicação que a invenção torna-se uma inovação. Nesse sentido, C/T&I envolvem também a geopolítica, que se baseia na informação e no conhecimento sobre o espaço geográfico e desenvolve técnicas e tecnologias para aplicar em estratégias e políticas capazes de assegurar a apropriação, o controle e a utilização desse espaço. Em outras palavras, C/T&I são essenciais à geopolítica, que, por sua vez, as estimula.

É possível, portanto, delinear a formação da Amazônia segundo o impacto dos períodos históricos de transformação da economia-mundo capitalista que, embora sempre motivados pela mesma finalidade, tiveram marcas diferentes em termos de avanço na C/T&I. E nesse processo, o peso das forças externas e domésticas variou no decorrer da história.

1.1 Apropriação e Configuração da Amazônia

1.1.1 Economia-mundo Mercantilista e Navegação Marítima

No longo período mercantilista em que se organizou a economia-mundo capitalista, a apropriação de novas terras e riquezas foi motivada inicialmente pela expansão comercial de empresas em busca de produtos valorizados no mercado europeu. Logo, com a formação do sistema de Estados, passaram eles a comandar e a disputar o comércio mundial, associando-se ou incorporando as empresas mercantis.

Em suas navegações desde o século XV, os europeus iniciaram a exploração de produtos extrativos, sobretudo na Ásia, então denominada "Índias". A "descoberta" da América no final do século XV e do Brasil no início do XVI inseriu-se nessa motivação, ou, como bem diz Caio Prado Jr, este foi o "sentido da colonização" (do Brasil).

Navegação marítima acompanhada de avanços no conhecimento em cosmologia e na técnica cartográfica foi a grande inovação que permitiu a expansão comercial. Não por acaso, Espanha e Portugal – a Ibéria – tiveram hegemonia nesse período. É que detinham relativa supremacia científica e tecnológica justamente nos setores inovadores acima referidos, em grande parte devido à invasão moura constituída de muçulmanos e judeus vindos da África afeitos a esses e outros estudos, como a filosofia e a medicina. Esse contingente de população representou um grande aporte cultural e científico-tecnológico à Ibéria. Por sua vez, sua posição geográfica na península européia, que a projeta no Atlântico, foi também um componente dessa supremacia relativa. A Escola de Sagres, uma das mais antigas escolas de navegação do planeta, estrategicamente localizada na costa portuguesa, é um testemunho das condições de inovação na época.

Tal tipo de expansão comercial e da colonização dela derivada pautou-se na forma de exploração mais fácil e mais rápida dos recursos das terras apropriadas, o extrativismo, mera coleta da riqueza natural exposta à flor da pele. Espanhóis iniciaram atividades extrativistas minerais, ouro e prata já utilizados pelos indígenas, enquanto portugueses, não encontrando o ouro no litoral brasileiro, exerceram o extrativismo vegetal, como o pau-brasil, espécie que deu nome ao País. Não por acaso, portanto, a América foi então considerada como as Índias Ocidentais, e a cidade colombiana localizada na costa caribenha foi denominada Cartagena das Índias.

Duas outras vantagens tecnológicas permitiram que portugueses assegurassem a posse do Brasil e da Amazônia. A primeira foi a inovação constituída pela construção de pequenos e rudimentares fortins que, embora frágeis, tiveram grande valor simbólico, favorecendo a posse gradativa da terra e o reconhecimento de Portugal na apropriação do território, sobretudo na Amazônia. Enquanto ingleses, holandeses e franceses incursionavam no território apoderando-se de recursos extrativos, Portugal conseguiu fazê-lo apropriando-se do território. A segunda, mais importante, foi de cunho organizacional: o cultivo de cana-de-açúcar, isto é, as plantações nas ilhas de Açores e Cabo Verde, logo implantadas no nordeste brasileiro.

Na Amazônia, as especiarias foram os primeiros produtos valorizados pelos europeus no mercado mundial. Trata-se

Fig. 1.1 Bússola de Marinha. Francisco António Cabral a fez em 1797

de substâncias aromáticas com supostos efeitos medicinais e mesmo afrodisíacos, e outras que detinham alto valor de mercado para uso das elites européias – canela, cravo, anil, cacau, raízes, sementes oleaginosas, salsaparrilha etc., – denominadas "drogas do sertão".

Assim, da disputa pelas "drogas do sertão" e do movimento de defesa das terras amazônicas surgiram, no século XVII, os fortins que deram origem às cidades de Belém do Pará e Manaus. Ao redor dos núcleos fortificados foram se reunindo aldeamentos indígenas e colonos, visando passar da coleta das drogas ao seu cultivo, segundo diretrizes de Lisboa, para assim apossarem-se efetivamente dessa extensa área. O início de uma política de povoamento da Amazônia teve, portanto, como objetivo criar ali os elementos essenciais à substituição da especiaria do Oriente que se perdia pela ousadia dos concorrentes (Reis, 1959). Ainda mais que o preço do açúcar nas ilhas africanas declinava diante da concorrência das Antilhas.

A exploração organizada das drogas, contudo, só se fez com a implantação das missões religiosas no vale do Amazonas pela Coroa, ainda no século XVII. Grande parte do vale do Amazonas foi dividida entre diferentes ordens religiosas – franciscanos, carmelitas, mercedários e jesuítas – que aldeavam os índios para, ao mesmo tempo, utilizá-los como mão-de-obra e catequizá-los. Muitas cidades e vilas tiveram origem nesses aldeamentos ou missões, que não chegavam a 50 ao fim do século XVIII (Fig. 1.2).

Índios e missionários constituíram, assim, o essencial da população amazônica nos primórdios da colonização. As pesquisas arqueológicas sobre os grupos indígenas ainda são pouco numerosas e contêm interpretações díspares. À medida que novas descobertas se realizam, altera-se a ótica sobre os índios amazônicos, de tribos nômades e atrasadas, para grupos dotados de uma grande riqueza cultural. Sabe-se hoje que civilizações complexas existiram na várzea do rio Amazonas, sobretudo em Santarém, onde as mais antigas peças

"Drogas do Sertão"
Especiarias aromáticas, usadas como medicamento.

Canela

Cacau

Urucum

Fig. 1.2 Jesuítas catequizando, Antonio Parreiras (1913)
Fonte: Acervo FAE – Unicamp.

de cerâmica policroma de toda a América teriam sido encontradas (8.000 a.C.); também na várzea de Marajó foram encontrados terraços artificiais – os "tesos" – datados dos séculos IV ao XIV d.C., supondo-se que nos maiores terraços articulados a população tenha alcançado uma escala urbana, concentrando até 10 mil habitantes.

A sofisticada cerâmica marajoara é reproduzida e apreciada até hoje. Recentemente (Heckenberger, 1996) a ciência arqueológica revelou a existência de um sistema multiétnico e multilingüístico no alto rio Xingu, rica cultura que teria se constituído em 900 d.C. pela imigração de grupos que se juntaram aos grupos locais e declinaram no século XVI, em grande parte devido a epidemias introduzidas por migrantes das áreas ocupadas pela colonização.

Tais constatações revelam que (Becker, 2006):
- os processos pré-históricos não foram homogêneos nem seguiram estágios lineares numa só direção;
- não se tratava somente de caçadores nômades, mas, sim, de pescadores e agricultores de mandioca, alguns grupos com complexa organização sociopolítica;
- a cultura pré-colonizadora não pode ser explicada pelo determinismo geográfico, que ora considera a floresta como inferno verde hostil que impede o desenvolvimento cultural, ora considera sua várzea como o paraíso, pois que essa cultura resulta de contatos, migrações e reconstruções.

Aos índios e missionários somavam-se militares e degredados e a presença de desbravadores espanhóis e portugueses que legaram importantes relatos sobre partes da Amazônia no século XVII e, no século XVIII uma sistemática presença de naturalistas que produziram descrições e informações valiosas sobre a Amazônia.

O empenho em encontrar novas riquezas e terras estimulou a organização de grandes e custosas expedições científicas pelos governos europeus, para observação da Amazônia. A Coroa enviou equipe de técnicos alemães e italianos para levantamento de dados sobre a geografia de regiões inexploradas, e para vigilância, informando sobre os locais estratégicos e demarcação da posse jesuíta e sertanista. Essas expedições acumularam conhecimentos respeitáveis, porém dispersos e sigilosos. No século XVIII foram inúmeras as viagens exploratórias, destacando-se as contribuições de Charles de La Condamine (em torno de 1750), Alexandre Rodrigues Ferreira (desde 1783) e Alexandre von Humboldt, que, em sua viagem, realizada entre 1799-1804, entusiasmou-se com a floresta Amazônica, atribuindo-lhe a denominação de Hiléia.

No século XIX, sobretudo ingleses e alemães – bem revelando o capitalismo industrial nascente na Europa, cujo desenvolvimento tecnológico estava vinculado aos avanços das ciências naturais e aplicadas – desenvolveram sistematicamente a pesquisa, a informação e o conhecimento

Fig. 1.3 Cerâmica Marajoara – Amazonas, PA

> **Milho na Amazônia**
> Um trabalho de Van der Merwe et al. (1981) se refere a uma polêmica entre os arqueólogos sobre a fonte de alimento nas florestas tropicais. De um lado alguns pesquisadores argumentavam que plantas C_4, como milho, tiveram pouca influência na alimentação humana, e que portanto, as populações da Amazônia eram pequenas e esparsas, apenas sustentadas pela caça e extrativismo. Anna Roosevelt, baseando-se em dados arqueológicos obtidos nas várzeas do rio Orinoco, afirma que, pelo contrário, o milho fez parte da alimentação na Amazônia e que, como conseqüência, teriam desenvolvido sociedades mais complexas que antes imaginado. A polêmica foi resolvida pelo uso de isótopos estáveis em amostras de colágeno de ossos encontrados na região em dois períodos distintos 800 a.C. e 400 d.C.
>
> Os resultados mostraram que os valores das amostras de 400 d.C. claramente indicam a ingestão de plantas que seguem o ciclo fotossintético C_4. Por outro lado, as amostras de 800 a.C. apresentam valores menores, indicando a presença de plantas C_3 na dieta, oriundas certamente da floresta Amazônica.

sobre a Amazônia brasileira. A primeira e mais bem-sucedida expedição foi a do zoólogo Johan Baptist von Spix e do botânico Carl Friedrich von Martius, enviados pelo rei da Bavária, os quais, entre 1817-1820, conseguiram catalogar 6.500 espécies de plantas e 3.381 espécies de mamíferos, produzir mapas e análises etnográficas (Viagem pelo Brasil, 3 v., 1823-31). Entre os ingleses, destacaram-se D. Alden, Henry Bates (1849, livro em 1863) e Alfred Wallace (1849, livro em 1853).

Em meados do século XIX, portanto, considerável acúmulo de conhecimento já havia sido produzido sobre a Amazônia, que se ampliou no correr do século. No que tange à produção, os resultados não foram os mesmos. A produção de drogas nas missões foi iniciada, mas o volume da produção extrativa foi sempre maior do que o volume da produção cultivada.

O "ciclo das drogas do sertão" foi curto. Entrou em decadência desde meados do século XVIII, devido à desorganização do sistema missionário, seguindo-se um longo período de estagnação, somente superado com as mudanças na economia-mundo e a valorização de um novo produto extrativo na região.

1.1.2 Inovações da Revolução Industrial: energia e configuração da Amazônia

O povoamento efetivo da região deu-se somente com a Revolução Industrial, que promoveu o "ciclo da borracha" entre 1840 e 1920. Foi a grande transformação na economia-mundo, com sua inovação científico-tecnológica constituída pela energia, que revolucionou a economia e o modo de vida na Amazônia. A máquina para produção de bens foi a marca da Revolução Industrial, e a borracha tornou-se um de seus insumos básicos, utilizada para a confecção de inúmeros objetos, desde os de uso doméstico, pneus para bicicletas e automóveis, até material bélico e de construção naval. A navegação a vapor foi uma inovação essencial, permitindo ampliar e acelerar as relações entre os novos centros e as periferias fornecedoras de recursos. São inicialmente a Inglaterra e depois os Estados Unidos que ascendem à condição de potências hegemônicas passando a comandar a Revolução Industrial.

Na segunda metade do século XIX, o Brasil já era um Império independente de Portugal, mas mantinha os traços da colonização, vivendo da economia exportadora de matérias-primas. Na faixa costeira do atual Sudeste, dominava a exportação do café, baseada no trabalho escravo até 1888, e então substituído por imigrantes europeus. No Norte, a cinco mil quilômetros da costa, configurava-se um outro País, esquecido e prestes a ser abandonado, habitado por tribos indígenas e sertanejos que viviam da extração da castanha, madeira e látex.

No final e virada do século, a indústria – sobretudo a automobilística norte-americana – elevou a demanda da borracha a preços estratosféricos, gerando um intenso surto de povoamento na Amazônia. Se a exploração das drogas fora contido nos baixos e médios cursos dos afluentes do Amazonas, a extração da borracha penetrou no alto curso dos afluentes da margem direita do grande rio, onde se concentrava a seringueira (*Hevea brasiliensis*) e seu líquido leitoso, o látex, fonte de riqueza da Revolução Industrial e cuja vantagem residia na melhor qualidade da goma em relação a outras espécies, como o caucho (*Castilloa elastica*).

Em 1827, a quantidade de borracha produzida no Brasil não passava de 31 toneladas/ano. A borracha passou a ser usada em larga escala, a partir de 1839, com a invenção da vulcanização pelo americano Charles Goodyear, processo químico que deixou o produto mais resistente às mudanças de temperatura. Já em 1860, a produção amazônica de borracha alcançava 2.673 toneladas, e no final do século XIX o Brasil tornara-se o maior fornecedor mundial de borracha.

O "ciclo da borracha" gerou um efetivo povoamento regional, por meio da formação de uma cadeia produtiva que se iniciava na floresta e era transportada, por via fluvial, até os grandes portos concentradores da produção – Belém e, a seguir, também Manaus –, de onde era exportada para as indústrias norte-americanas e européias.

Novos atores entraram na aventura da borracha. Nos portos instituíram-se financiadoras, exportadoras, bancos ingleses e americanos e muitos trabalhadores estrangeiros. Aí também estavam sediados os aviadores – figuras emblemáticas da época, mistura de comerciante com agiota –, que forneciam bens de consumo e gêneros a crédito aos seringalistas, os possuidores dos seringais, a serem pagos com a borracha, e negociavam a borracha com os exportadores. Os seringalistas se endividavam para manter hábitos luxuosos na cidade e para suprir os armazéns dos seus seringais, localizados na floresta, onde exerciam o papel de aviadores para os seringueiros, os trabalhadores da seringa. Na Amazônia, a expressão "aviar" tornou-se assim, sinônimo de vender mercadorias a crédito.

Intensa desigualdade social e territorial caracterizou o "ciclo da borracha". Os "coronéis" da borracha, rapidamente enriquecidos, viviam no fausto em Belém e Manaus, cidades que procuravam imitar Paris e Londres. Nos portos atracavam navios abarrotados de queijos franceses, vinhos portugueses, vestidos italianos

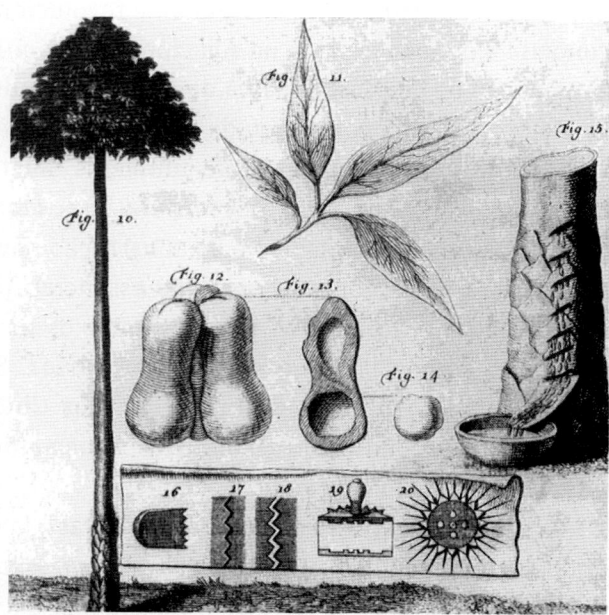

Fig. 1.4 Desenho de François Fresnau (1715) que mostra a seringueira *Hevea brasiliensis*
Fonte: <http:\\www.brasiliensis.boucing-balls.com>. Acesso em: 7 fev. 2008.

Bertholletia excelsa H.B.K., esquifes para a biodiversidade da Amazônia

O nome popular e comercial para *B. excelsa* foi atribuído pelos portugueses e espanhóis às suas amêndoas oleaginosas conhecidas, atualmente, como castanha-do-pará, ou castanha-do-Brasil, apesar dos países limítrofes da Amazônia, nos quais ocorre a exploração da espécie, contestarem essa alcunha e estarem buscando substituí-la por castanha-da-amazônia.

Castanha

A produção de castanha-do-pará corresponde a um importante produto extrativista do Brasil. A semente é utilizada para extração de óleo composto por ácidos graxos insaturados (oléico, linoléico e pequenas quantidades de mirístico), fitoesteróis-sitosterol e amirina, além de esqualeno-nutrientes, essenciais nos processos bioquímicos de formação do tecido epitelial, vitaminas lipossolúveis A e E e oligoelementos como cálcio, ferro, zinco, cobre, sódio, potássio e selênio.

Uma parte significativa da colheita da castanha é exportada e destinada à complementação de produtos como sorvetes, chocolates e outros alimentos. O lucro com a venda de castanha-do-pará tem sido revertido para a melhoria da qualidade de vida dos extrativistas ou coletores de castanha. A produção nacional de castanha-do-pará corresponde entre 80% e 90% da produção mundial e representa um valor de exportação entre U$ 25 e U$ 30 milhões anuais destinada, principalmente, aos Estados Unidos e ao Reino Unido. A castanha-do-pará pode alcançar consumo considerável se for aproveitada pela indústria na fabricação de produtos que preservem suas qualidades naturais e que sejam passíveis de armazenamento por períodos determinados.

Em virtude de sua importância para a economia local e regional, *B. excelsa* é uma espécie protegida por lei. O corte e a venda de sua madeira são proibidos desde 1987, entretanto, apesar da proteção, sua exploração indiscriminada ainda continua, o que causou a diminuição na produção nacional de castanha-do-pará de 47.976 toneladas, em 1970, para 40.456 toneladas, em 1980, e para 25.672 toneladas, em 1990.

A maior parte da extração da castanha é feita no interior de florestas, e o impacto dessa atividade sobre a regeneração da floresta possivelmente resulta em uma pressão sobre a demografia dos indivíduos dessa espécie. O impacto da coleta sobre a regeneração das castanheiras pode ser diluído pela extrema longevidade das árvores, constante produção de frutos e disseminação pela cotia (*Dasyprocta* spp), que nem sempre consome as sementes, resultando na germinação de novos indivíduos. Além de sua importância socioeconômica, recentemente foi demonstrado que as árvores de *B. excelsa* têm importante função no ecossistema da floresta amazônica. Embora raras, um pequeno número de árvores

Bertholletia planta
Fonte: <http:\\www.florabrasiliensis.cria.org.br>. Acesso em: jun. 2008.

de maior porte concentram uma parte significativa da biomassa da floresta, e a perda de tais árvores pode afetar significativamente a estrutura e a função da floresta.

Existem investigações históricas que sugerem que a castanheira seja uma espécie resultante da seleção indígena, dada sua importância alimentar, econômica, cultural e ecológica. Diversos trabalhos sobre sistemas agrícolas indígenas mostram que os índios Kaipós do Estado do Pará plantavam castanha no interior das florestas, em capoeiras e em clareiras naturais no interior da mata. Além desse uso direto, essa planta, possivelmente, seria um marcador de território, delimitando áreas de solos com elevada fertilidade e sítios arqueológicos.

Fruto *in natura*

Além do desmatamento ilegal, o extrativismo excessivo ameaça a sobrevivência dos castanhais da Amazônia, que, sem um manejo adequado, poderão desaparecer num período entre 50 e 100 anos. A implantação de pastagens destinadas à pecuária extensiva e o conseqüente recuo das florestas têm causado a morte de castanheiras. Apesar de serem tomadas algumas precauções, como a manutenção de um anel de vegetação no entorno de uma castanheira para proteção contra o fogo, com a derrubada e a queimada do restante da vegetação, o que resta é apenas uma paisagem salpicada de troncos calcinados e de enormes castanheiras vulneráveis à queda, ou então findadas a serem mortas-vivas mesmo se sobreviverem, isoladas, em meio às plantações ou ao pasto, não conseguem mais se reproduzir simplesmente pela ausência de seus polinizadores, que deixaram de visitá-las em virtude do desequilíbrio das condições naturais que outrora existiam com a floresta. Em síntese, com a devastação da floresta, permanece na paisagem um cenário de desolo muito bem delimitado por enormes castanheiras que fazem alusão a um cemitério de biodiversidade que nunca mais poderá ser conhecida.

Erico Pereira-Silva

e serviçais europeus; a vida artística fervilhava com exposições e espetáculos de música lírica, mudando a aparência das cidades; ruas foram alargadas, prédios suntuosos foram construídos, com destaque para as casas de espetáculos, como o Teatro da Paz, em Belém, e o Teatro Municipal, em Manaus. Belém ganhou água encanada e luz elétrica. Mandar engomar roupas em lavanderias de Lisboa e enviar os filhos para estudar na Europa eram hábitos comuns da elite da borracha.

Em contrapartida, os índios foram expulsos para as cabeceiras dos rios, e nos seringais encravados na mata, início da cadeia produtiva, os seringueiros, em sua maioria nordestinos expulsos por grandes secas no último quartel do século XIX, viviam num regime semi-escravo. Cada um deles recebia uma "colocação" – trato de área – segundo a qual diariamente percorriam grandes percursos para extrair o látex, com uma produção bastante baixa, cuja remuneração era quase extinta com o pagamento exorbitante dos gêneros que o armazém do seringalista fornecia a crédito. O aviamento gerava, assim, uma dívida eterna para os trabalhadores, que usavam praticamente todo o rendimento para pagá-la ao patrão.

Entre os grandes portos e os armazéns dos seringais, a mediação era realizada por navios de carga e de passageiros e embarcações denominadas regatões, geralmente de comerciantes do Oriente Médio, genericamente chamados de "turcos".

Ao lado do conflito social, um conflito político decorreu da riqueza da borracha: a questão do Acre, entre Brasil e Bolívia. Até então desinteressante aos dois países, o que é hoje o Estado do Acre, pequeno território pertencente à Bolívia pelo Tratado de Ayacucho (1867), passou a ser alvo de disputa à medida que os brasileiros se adensaram no alto curso dos afluentes do rio Amazonas, onde se concentrava a *Hevea*. Receosa de perder o território, a Bolívia tentou cobrar impostos sobre a extração e o transporte da borracha, e negociou um projeto de arrendamento da área para uma empresa americana multinacional, a *Anglo-Bolivian Syndicate*, sediada em Nova York, que tinha entre seus sócios o rei da Bélgica e um parente do presidente dos Estados Unidos. Após várias escaramuças, a um passo da guerra, o Brasil transferiu o conflito da selva para a mesa de negociações. Agindo com diplomacia, enviou o Barão do Rio Branco, ministro das Relações Exteriores, para negociar com os bolivianos, selando a paz pelo Tratado de Petrópolis, em 1903. Segundo esse Tratado, o Brasil ficaria com o Acre, pelo qual pagaria à Bolívia dois milhões de libras esterlinas, comprometendo-se ainda a construir uma estrada de ferro que cortasse a floresta e as corredeiras, oferecendo à Bolívia uma saída para o oceano Atlântico, a ferrovia Madeira-Mamoré.

Mas a ferrovia, embora iniciada, não cumpriu o seu papel. Como maior fornecedor mundial de borracha, o Brasil atraía várias expedições estrangeiras para descobrir novos usos para plantas exóticas. Numa dessas aventuras, em 1876, o inglês Henry Wickam enviou à Grã-Bretanha

Fig. 1.5 O Teatro Amazonas é um monumento artístico e arquitetônico construído graças à riqueza gerada pelo ciclo da borracha que transformou Manaus em um importante centro econômico. A cidade merecia um local onde as companhias de espetáculos estrangeiras se apresentassem. Com capacidade para 700 pessoas, o teatro Amazonas é luxuoso e decorado com arte refinada. Materiais, arquitetos, construtores, pintores e escultores foram trazidos da Europa para erigi-lo

Fig. 1.6 O Teatro da Paz foi fundado em 15 de fevereiro de 1878, durante o período áureo do ciclo da borracha, quando ocorreu um grande crescimento econômico na região. Belém viveu um significativo processo de transformação socioeconômico nesse período, chegando a ser chamada de "A Capital da Borracha". O engenheiro militar José Tiburcio de Magalhães foi responsável pelo projeto arquitetônico inspirado no Teatro Scalla de Milão (Itália). Em 1905 passa por uma significativa reforma chegando a sua forma definitiva.
Fonte: <http://theatrodapaz.com.br/>. Acesso em: 7 fev. 2008.

milhares de sementes de seringueira, e trabalhou anos com pesquisas até que as sementes pudessem ser plantadas na Ásia.

Não se sabe como ele levou as sementes, se por biopirataria, isto é, contrabando, ou se obteve uma autorização oficial para levá-las do país, tendo-as inclusive registrado na alfândega (Dean, 1989). Fruto de contrabando ou de ingenuidade, o fato é que a saída das sementes acabou com o ciclo da borracha que, para muitos, parecia eterno.

Mais uma vez, C/T&I tiveram importante papel, desta feita na perda de riqueza. Seguindo a trajetória da economia de fronteira, os brasileiros optaram por obter o látex apenas por meio do extrativismo, a baixíssimo custo. A insistência na forma mais primitiva de produzir tornou o Brasil incapaz de atender à crescente demanda da Revolução Industrial. Enquanto isso, a pesquisa sistemática conseguiu produzir a borracha na Malásia por meio do cultivo, e não da mera coleta, experiência tecnológica que alcançou um imenso sucesso.

O declínio dos coronéis, das cidades majestosas e das companhias artísticas foi rápido e doloroso, seguindo-se mais uma longa fase de estagnação na Amazônia. Mas o povoamento pela exploração da borracha incorporou novas áreas aos territórios regional e nacional, delineando a configuração da Amazônia (Fig. 1.7).

Se a Amazônia não fugiu à regra do processo de colonização, três elementos merecem destaque no extenso período de sua formação sob a influência do mercantilismo e da Revolução Industrial:

a) Uma economia reflexa, com ocupação tardia em relação ao restante do Brasil e grandes vazios históricos

Somente em 1616 iniciou-se sua ocupação, que se fez em surtos devassadores possibilitados pelo avanço científico-tecnológico no exterior e permitiu a valorização momentânea de produtos no mercado internacional, que pouco deixaram na região, seguidos de longos períodos de estagnação, como já destacamos.

Ferrovia Madeira-Mamoré
Durante sua construção, houve muitos casos de bexiga, beribéri, diarréia, pneumonia, malária e enxames de mosquitos. Eram as armas usadas pela floresta para expelir os invasores. Metade dos médicos morreu ou adoeceu com gravidade. Pavorosas ainda eram as chuvas. As trombas d'água, uma a cada 24 horas, dissolvendo tudo, punham o trabalho de meses a perder.
Partindo do cais de Porto Velho em direção à fronteira boliviana, o primeiro trecho de 90 km da estrada de ferro Madeira-Mamoré foi inaugurado em 1910. Em 1912 foi inaugurada com 366 km.
Fonte: <http://www.mp.usp.br/mamore.htm>
Acesso em: 7 fev. 2008.

Mas é verdade, também, que a Amazônia teve contato direto com as grandes inovações da modernidade.

b) A importância da geopolítica

A ocupação regional se fez, invariavelmente, a partir de iniciativas externas, e a geopolítica esteve sempre associada a interesses econômicos, mas estes foram, como visto, malsucedidos. O governo português e, depois, o brasileiro conseguiram controlar o território sem o correspondente aumento da população e do crescimento

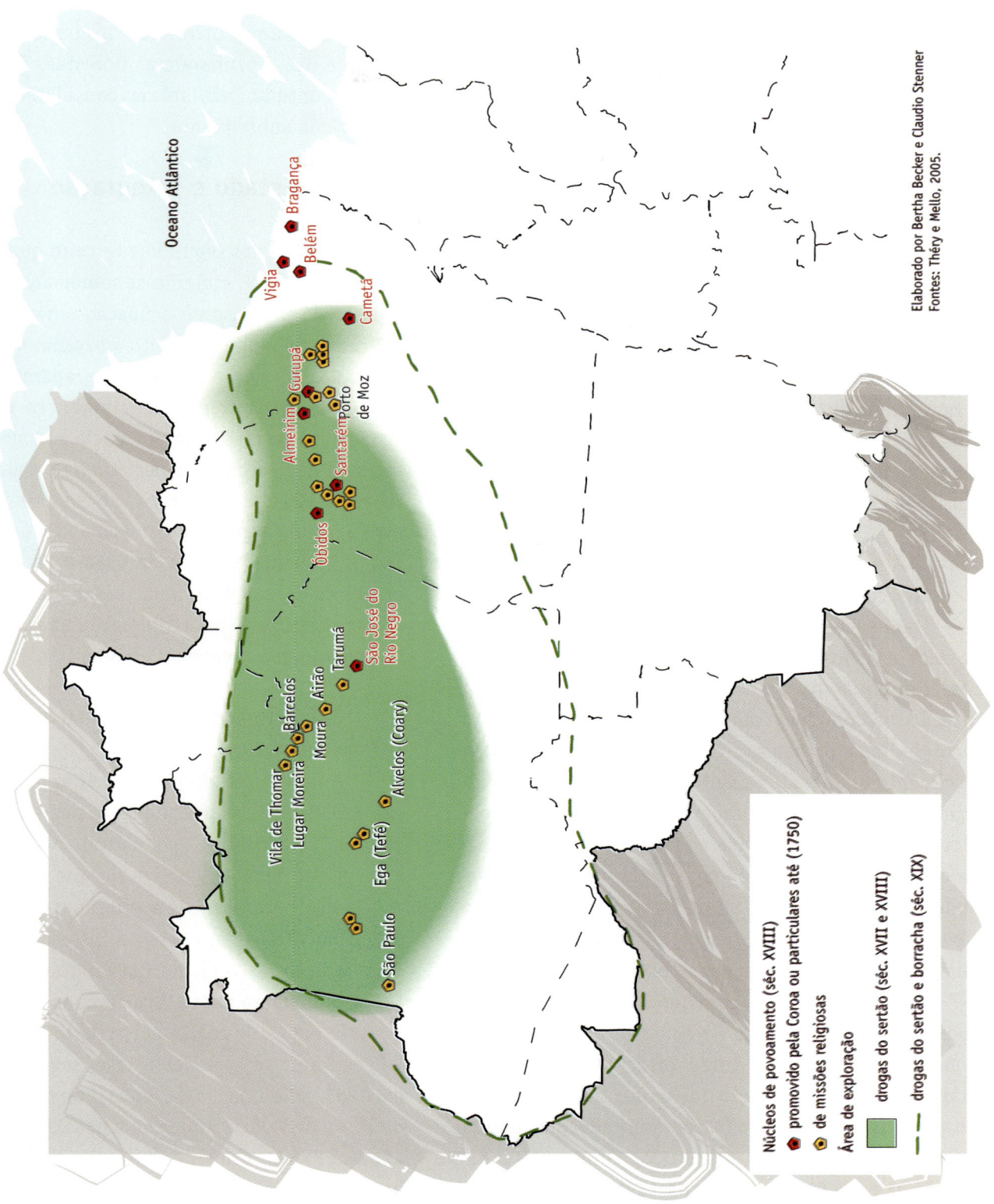

Fig. 1.7 Povoamento da Amazônia – séculos XVIII e XIX

econômico, isto é, sem uma base econômica e populacional estável. Em outras palavras, não foi a economia que garantiu a soberania sobre a região, mas sim a geopolítica.

De início, o controle do território foi mantido por uma estratégia de intervenção em locais estratégicos – fortins na embocadura do Amazonas e de seus principais afluentes –, de gradativo apossamento da terra, das missões e, posteriormente, pela criação de grandes unidades administrativas diretamente vinculadas ao governo da metrópole, como foi o caso da divisão da colônia em o Estado do Brasil e o Estado do Grão Pará e Maranhão. Mas o delineamento do que é hoje a Amazônia se fez somente entre 1850-1899, com a geopolítica do Império procurando regular a pressão para internacionalização do grande rio, tendo em vista a mudança da hegemonia mundial em favor dos Estados Unidos e a valorização da borracha.

c) A experiência e o confronto de modelos de ocupação regional

Trata-se de duas concepções distintas: uma baseada numa visão externa ao território, que afirma a soberania privilegiando as relações com a metrópole; a outra, baseada numa visão interna do território, fruto do contato com os habitantes locais, e privilegiando o crescimento endógeno e a autonomia local, como foi o projeto missionário. As missões conseguiram o controle do território com uma base econômica organizada, o que o governo colonial não conseguiu. Os efeitos econômicos governamentais foram desagregadores para o vale do Amazonas, mas foram condição para a unidade política da Amazônia (Machado, 1989).

Os surtos voltados para produtos extrativos de exportação, as estratégias de controle do território e os modelos de ocupação estão presentes até os dias atuais. O modelo endógeno foi muito menos expressivo após as missões, sendo representado por alguns projetos de colonização e, sobretudo, pelos povos indígenas e populações tradicionais. Ressalte-se, ainda, que os surtos extrativistas pouco deixaram como base econômica estável, mas, em contrapartida, também pouco impactaram os ecossistemas regionais, porque utilizaram a circulação fluvial e não derrubaram as florestas. Tais lições, contudo, não foram consideradas em período subseqüente.

1.2 Estado e Integração Regional

A partir dos segundo e terceiro quartéis do século XX, acelerou-se sobremaneira o passo do processo de ocupação regional, marcado pelo planejamento governamental com a formação do moderno aparelho de Estado e sua crescente intervenção na economia e no território. À ciência e tecnologia foi dada atenção especial para permitir ao Estado tratar do território em grande escala. Ainda assim, o processo não foi uniforme. Somente a partir de 1966 o Estado brasileiro desenvolveu uma verdadeira tecnologia territorial para integração nacional incorporando a Amazônia ao Brasil.

1.2.1 Tecnologia Territorial do Estado Brasileiro

A fase inicial do planejamento regional (1930-1966) corresponde à implantação do "Estado Novo" por Getúlio Vargas, e foi muito mais discursiva do que ativa. A "Marcha para Oeste" e a criação da Fundação Brasil Central (1944), a inserção, na Constituição de 1946, de um Programa de Desenvolvimento para a Amazônia e a delimitação oficial da região por critérios científicos foram marcos dessa fase, seguidos, em 1953, pela criação da Superintendência do Plano de Valorização Econômica da Amazônia (SPVEA), primeira definição legal da área amazônica que, após sucessivos ajustes, vem sendo denominada Amazônia.

A criação do Instituto Brasileiro de Geografia e Estatística – o IBGE – e de universidades foi básica para suporte das ações do Estado. Tais iniciativas revelam uma preocupação regional, mas, sem ações efetivas correspondentes. Somente no governo de Juscelino Kubitschek, calcado na "Energia e Transporte" e em "Cinqüenta Anos em Cinco", ações concretas afetaram a região pela implantação das rodovias Belém-Brasília e Brasília-Acre, duas grandes pinças contornando a fímbria da floresta. A partir daí, acentuou-se a migração que já se efetuava em direção à Amazônia, crescendo a população regional de 1 para 5 milhões entre 1950-60, e de modo acelerado a partir de então.

É entre 1966-85 que se inicia o planejamento regional efetivo da Amazônia. O Estado toma para si a iniciativa de um novo e ordenado ciclo de devassamento amazônico num projeto geopolítico para a modernidade acelerada da sociedade e do território nacionais. Nesse projeto, a ocupação da Amazônia assume prioridade por várias razões. É percebida como solução para as tensões sociais internas decorrentes da expulsão de pequenos produtores do Nordeste e do Sudeste, pela modernização da agricultura. Sua ocupação também foi percebida como prioritária, em face da possibilidade de nela se desenvolverem focos revolucionários. Em nível continental, duas preocupações se apresentavam: a migração nos países vizinhos para suas respectivas amazônias que, pela dimensão desses países, localizam-se muito mais próximo dos seus centros vitais, e a construção da Carretera Bolivariana Marginal de la Selva, artéria longitudinal que se estende pela face do Pacífico na América do Sul, signifi-

Fig. 1.8 Rodovia Belém-Brasília (BR-010)

cando a possibilidade de vir a capturar a Amazônia continental para a órbita do Caribe e do Pacífico, reduzindo a influência do Brasil no coração do continente. Finalmente, em nível internacional, vale lembrar a proposta do Instituto Hudson, de transformar a Amazônia num grande lago para facilitar a circulação e a exploração de recursos, o que certamente não interessava ao Brasil (Becker, 1982, 1990).

Para acelerar a ocupação regional, modernizaram-se as instituições: em 1966 é criada a Superintendência de Desenvolvimento da Amazônia (Sudam) e,

Fig. 1.9 Região de Carajás – depósitos de minério de ferro, manganês, cobre, níquel e ouro

em 1967, é criada a Zona Franca de Manaus, um enclave industrial em meio à economia extrativista e próximo à fronteira norte, dotado de amplos subsídios.

Foram várias as estratégias territoriais que implementaram a ocupação regional, num caso exemplar do que Henri Lefebvre conceituou como "a produção do espaço" pelo Estado (Lefebvre, 1978). Entre 1968-74, o Estado brasileiro implantou a malha técnico-política na Amazônia, visando completar a apropriação física e controlar o território por meio de uma poderosa estratégia (Becker, 1990): a) redes de circulação rodoviária, de telecomunicações, urbana e de energia; b) subsídios ao fluxo de capital, com incentivos fiscais e crédito a baixos juros; c) indução de fluxos migratórios para povoamento e formação de um mercado de trabalho regional, inclusive com projetos de colonização; e d) superposição de territórios federais sobre os estaduais compuseram a malha técnico-política, com grandes empréstimos de bancos internacionais.

A primeira crise do petróleo, em 1974, reduzindo a disponibilidade de recursos, alterou a geopolítica regional, que se voltou para a exportação de recursos naturais explorados em grandes projetos com financiamentos externos, minerais e hidrelétricos, cuja maior expressão é Carajás, transformando a Amazônia numa grande fronteira nacional e mundial de recursos. O segundo choque do petróleo e a súbita elevação dos juros no mercado internacional, levando à escalada da dívida externa, esgotou esse modelo, cujo último grande projeto foi o Calha Norte (1985).

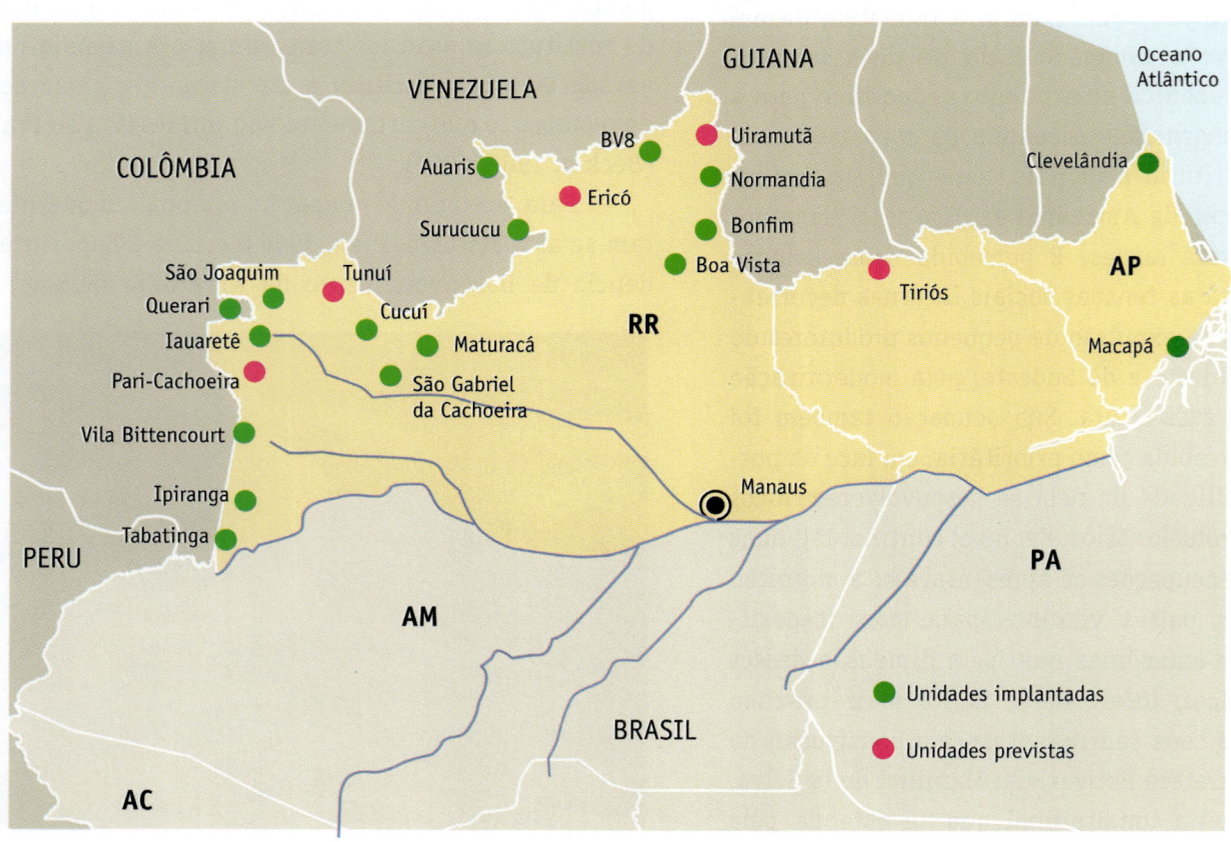

Fig. 1.10 As bases do projeto Calha Norte

Essa fase foi marcada por intensos conflitos sociais e impactos ambientais negativos. Conflitos de terra entre fazendeiros, posseiros, seringueiros, índios, deflorestamento desenfreado pela abertura de estradas, exploração da madeira seguida da expansão agropecuária e intensa mobilidade espacial da população são impactos por todos devidamente conhecidos.

Que lições podem ser extraídas desse processo? O privilégio atribuído aos grandes grupos e a violência da implantação acelerada da malha técnico-política, que tratou o espaço como homogêneo, com profundo desrespeito pelas diferenças sociais e ecológicas, tiveram efeitos extremamente perversos nas áreas onde ocorreram, destruindo, inclusive, gêneros de vida e saberes locais historicamente construídos. Essas são lições a aprender sobre como não planejar uma região.

Tais constatações, contudo, não devem fazer *tabula rasa* das mudanças estruturais que acompanharam esse conflituoso processo. Há que se reconhecê-las porque são potencialidades com que a região pode contar para seu desenvolvimento.

A Amazônia deixou se ser aquela dos anos sessenta do século XX. A conectividade, a urbanização – que alterou a estrutura do povoamento de tal modo que a Amazônia constituiu-se como uma floresta urbanizada (Becker, 1995) – favoreceram a mudança na estrutura da sociedade regional, talvez a mais importante mudança ocorrida, expressa na organização da sociedade civil e no despertar da região para as conquistas da cidadania (Quadro 1.1).

Enfim, a Amazônia passou a ser uma efetiva região do país. Nesse processo de conflitos e mudanças, elaboraram-se geopolíticas de diferentes grupos sociais e, fato novo na região, surgiram resistências à sua livre apropriação externa, tanto em nível da construção material quanto da organização social, que influíram no seu contexto atual.

1.2.2 Revolução Científico-Tecnológica, Inovação Social e a Incógnita Amazônica

Intensas mudanças, acompanhadas de novos conflitos regionais, surgiram com o impacto da revolução científico-tecnológica na microeletrônica e na comunicação, explicitada a partir da década de 1970, que alçou a C/T&I à condição de fulcro do poder econômico e político e de transformação do planeta. Processo de mudança caracterizado por uma nova forma de produção baseada na informação e no conhecimento como as mais importantes fontes de produtividade, essa inovação não constitui apenas uma nova técnica, mas sim, também uma forma de organização social e política que ocorre no contexto da reestruturação da economia-mundo (Castells, 1996).

A essência do vetor tecnológico moderno é a velocidade acelerada, a inovação contínua, que se torna o elemento-chave da transformação, capaz de alterar não só o setor técnico-produtivo civil e militar, como também as relações sociais e de poder. A partir de então, na geopolítica, o controle do tempo torna-se tão crucial quanto o controle do espaço (Virilio, 1976; Becker, 1888, 1995, 2006).

Altera-se, portanto também o espaço geográfico. Redes e fluxos transnacionais de circulação e comunicação sustentam a riqueza circulante – informação, sistemas financeiro e mercantil – que garante o processo de globalização, gerando relações locais-globais e diferenciação espacial. Mas a virtualidade de redes e fluxos não elimina o valor estratégico da riqueza *in situ* localizada no espaço geográfico, quais sejam, a sociedade e os recursos naturais. A natureza passa a ser revalorizada mediante as inovações para a utilização de seus recursos em outro patamar, com menos desperdício, condicionada a novas tecnologias, fato reforçado pela crescente crise ambiental.

Quadro 1.1 Mudanças Estruturais na Amazônia

Mudança Estrutural	Principais Impactos Negativos	Construções
1. Conectividade – estrutura de articulação do território: redes de telecomunicações e transporte	• Migração/mobilidade do trabalho • Desflorestamento • Desrespeito às diferenças sociais e ecológicas	• Acréscimo e diversificação da população • Casos de mobilidade ascendente • Acesso à informação – alianças/parcerias • Urbanização
2. Industrialização – estrutura da economia	• Grandes Projetos - "economia de enclave" • Subsídio à grande empresa • Desterritorialização e meio ambiente afetado (Tucuruí)	• Urbanização e industrialização de Manaus, Belém, São Luís, Marabá • 2ª no país/valor total produção mineral • 3ª no país/valor total produção bens de consumo duráveis • Transnacionalização da Vale
3. Urbanização – estrutura do povoamento Macrozoneamento – povoamento linear; arco em torno da floresta	• Inchação – problema ambiental • Rede rural – urbana – ausência de material da cidade – favelas • Sobre urbanização – isto é, sem base produtiva • Arco do desflorestamento e focos de calor	• Quebra da primazia histórica de Belém-Manaus • Nós das redes de circulação/informação • Retenção da expansão sobre a floresta • Mercado verde • *Locus* de acumulação interna, 1ª vez na história recente • Base de iniciativas políticas e da gestão ambiental
4. Organização Social Civil – estrutura da sociedade	• Conflitos sociais/ambientais • Conectividade + mobilidade + urbanização	• Diversificação da estrutura social • Formação de novas sociedades locais – sub-regiões • Conscientização – aprendizado político • Organização das demandas em projetos alternativos com alianças/parceiros externos • Despertar da região - conquistas da cidadania
5. Malha Socioambiental – estrutura de apropriação do território	• Conflitos de terra e de territorialidade • Conflitos ambientais	• Formação de um vetor tecnoecológico • Demarcação de terras indígenas • Multiplicação e consolidação de Unidades de Conservação (UCs) • Projeto de Gestão Integrada (PGAIs) nos Estados; Projetos Demonstrativos (PDA) • Capacitação de quadros – Zoneamento Ecológico Econômico (ZEE)
6. Nova Escala – Geopolíticas dos grupos sociais – Resistência à livre apropriação	• Conflitos/construções	• Amazônia como uma região do Brasil

Mas a dinâmica contemporânea não decorre apenas da lógica da acumulação. A lógica dos valores, expressa em movimentos sociais diversos, converge para o processo de diferenciação espacial e valorização estratégica dos territórios. As tendências de reestruturação técnico-econômica, do espaço de fluxos, passam a ser confrontadas com projetos alternativos vindos da sociedade. Também os movimentos sociais organizam-se, na escala global, em redes, graças à telecomunicação que, forçosamente, socializa a informação. "Pense globalmente e atue localmente" torna-se uma bandeira significativa nesse contexto, envolvendo as mais esdrúxulas alianças. O papel do Estado quanto ao exercício da soberania é instado a uma redefinição.

Nesse contexto relativiza-se o papel dos Estados e dos territórios nacionais. Redes e fluxos transfronteiriços que atravessam os territórios nacionais, relações locais-globais no interior dos territórios e pressões diversas decorrentes do processo de globalização reduzem a capacidade dos Estados-Nação em manter o controle sobre a totalidade de seus territórios e o exercício de sua soberania.

A Amazônia é um exemplo vivo do impacto das transformações globais decorrentes da revolução científico-tecnológica, as quais se sucedem rapidamente com características diversas.

Em nível global, o movimento ambientalista desenvolvido a partir da década de 1970, sustentado tanto pela lógica cultural como pela lógica da acumulação, refletiu-se fortemente no Brasil e na Amazônia. Valorizada por seu patrimônio natural e o saber das populações tradicionais quanto ao trópico úmido, passou a ser foco de intensa pressão preservacionista. A Rio-92, a criação do que é hoje o Ministério do Meio Ambiente (MMA) e a aceitação do Programa Piloto para Proteção das Florestas Tropicais Brasileiras (PP-G7), mediante doação do G7 e da União Européia, bem como do Experimento de Grande Escala para a Biosfera-Atmosfera na Amazônia – grande projeto ambiental multilateral com ênfase no clima global, em parceria com a NASA – foram respostas políticas do governo brasileiro às pressões. Simultaneamente, o Projeto Sipam/Sivam procurou demonstrar a capacidade do país em controlar o território com uma base tecnológica avançada. Uma política ambiental preservacionista se implantou em contraposição ao desenvolvimento a qualquer custo.

Em nível nacional, registram-se a crise do Estado e o incremento da organização social, processos opostos que têm como marco o ano de 1985. Por um lado, o esgotamento do nacional-desenvolvimentismo, inaugurado na era Vargas com a intervenção do Estado na economia e no território, cujo último grande projeto na Amazônia é o Calha Norte, como já referido. Por outro lado, nesse mesmo ano, um novo processo tem início na região com a criação do Conselho Nacional dos Seringueiros, simbolizando um movimento de resistência das populações locais – autóctones e migrantes – à expropriação da terra.

Os conflitos das décadas de 1970 e 1980 transfiguraram-se, organizando suas demandas em diferentes projetos de desenvolvimento alternativos, conservacionistas, elaborados "a partir de baixo". Para sua sobrevivência, graças às redes transnacionais, contam com parceiros externos, tais como organizações não-governamentais (ONGs), organizações religiosas, partidos políticos, agências de desenvolvimento, governos. Trata-se de experimentos associados à biossociodiversidade, novas territorialidades que resistem à expropriação. Cada um desses experimentos se desenvolve em um dado ecossistema, com populações de origem étnica e/ou geográfica diferente, estrutura socioeconômica e política, técnicas e parcerias diversas. Enfim, a estratégia básica desses grupos é a utilização das redes de comunicação que lhes permitem se articular com atores em várias escalas geográficas.

Projetos demonstrativos, novos modelos de uso do território, como as Reservas Extrativistas (Resex) – verdadeira reforma agrária no setor extrativista – e Áreas Protegidas referentes a Unidades de Conservação e terras indígenas, que foram então demarcadas, constituíram uma efetiva inovação social. E passaram a ocupar enorme proporção dos estados e municípios (Fig. 1.11).

Se a lição ensinada por esse vetor é sua positividade social e ambiental, há, contudo, que se registrar os problemas que impediram a sua plena expansão: a dificuldade de inserção nos mercados, em virtude de carências gerenciais e de problemas de acessibilidade e competividade; a sua característica pontual, não alcançando escala significativa de atuação ao nível de tão vasta região; e, por conseqüência, sua falta de autonomia.

1.3 A Incógnita do "Heartland"

Tais problemas se acentuaram a partir de 1996, quando uma nova fase no processo de ocupação regional se configura, caracterizada por políticas paralelas e conflitantes, aqui denominada "a incógnita do Heartland".

Altera-se o significado da Amazônia, com uma valorização ecológica de dupla face: a da sobrevivência humana e a do capital natural, sobretudo a megadiversidade e a água. Daí considerar-se a Amazônia como "Heartland" ecológico, o coração ecológico da Terra. Esse conceito, proposto e divulgado pelo geógrafo inglês Sir Halford Mackinder, em 1904, para a massa continental eurasiana, fundamenta-se na extensão territorial, autodefesa e mobilidade interna, que lhe atribuíram condições para exercer o poder mundial. No caso da Amazônia, o conceito se aplica devido à sua extensão, que envolve hoje a Amazônia sul-americana; sua autodefesa, proporcionada pela massa florestal que historicamente dificultou a ocupação; sua posição geográfica estratégica entre os blocos regionais e sua conectividade, que hoje permite maior mobilidade interna, acrescentando valor à biodiversidade e à água. Biodiversidade que é a base da fronteira da ciência com a biotecnologia e a biologia molecular; água que se torna rapidamente um recurso escasso no planeta. Trata-se, portanto, de reconhecer um novo e poderoso trunfo para o seu desenvolvimento (Becker, 1999, 2000).

Em níveis nacional e regional, essa fase é marcada pela retomada do planejamento territorial pela União. Na região, na dinâmica em fins da década de 1990, intensifica-se a fronteira móvel, reproduzindo o ciclo exploração da madeira/desflorestamento/pecuária, estimulado pela exportação da madeira para o mercado interno, que dela consome mais de 80%, e pela exportação da soja e da carne, acrescidos do narcotráfico no que tange ao mercado internacional (Becker, 1999).

O lançamento do Programa Brasil em Ação, em 1996, com sua Agenda de Eixos Nacionais de Integração e Desenvolvimento foi um novo marco na trajetória regional, fortalecido pelo Programa Avança Brasil, em 1999. No mesmo ano de 1996, na tentativa de ampliar a escala de sua atuação, a política ambiental propõe o Projeto dos Corredores Ecológicos, ou de Conservação, no âmbito do PP-G7, grandes extensões constituídas de um mosaico de unidades de conservação, terras indígenas e reservas florestais privadas. Corredores de transporte e corredores de conservação consolidam, em 1996, respectivamente o vetor tecnoindustrial e um vetor tecnoecológico, orientados por políticas públicas paralelas e conflitantes, razão pela qual essa fase da ocupação da Amazônia constitui uma incógnita.

Na passagem do milênio, a economia mundial se recupera tendendo a forte

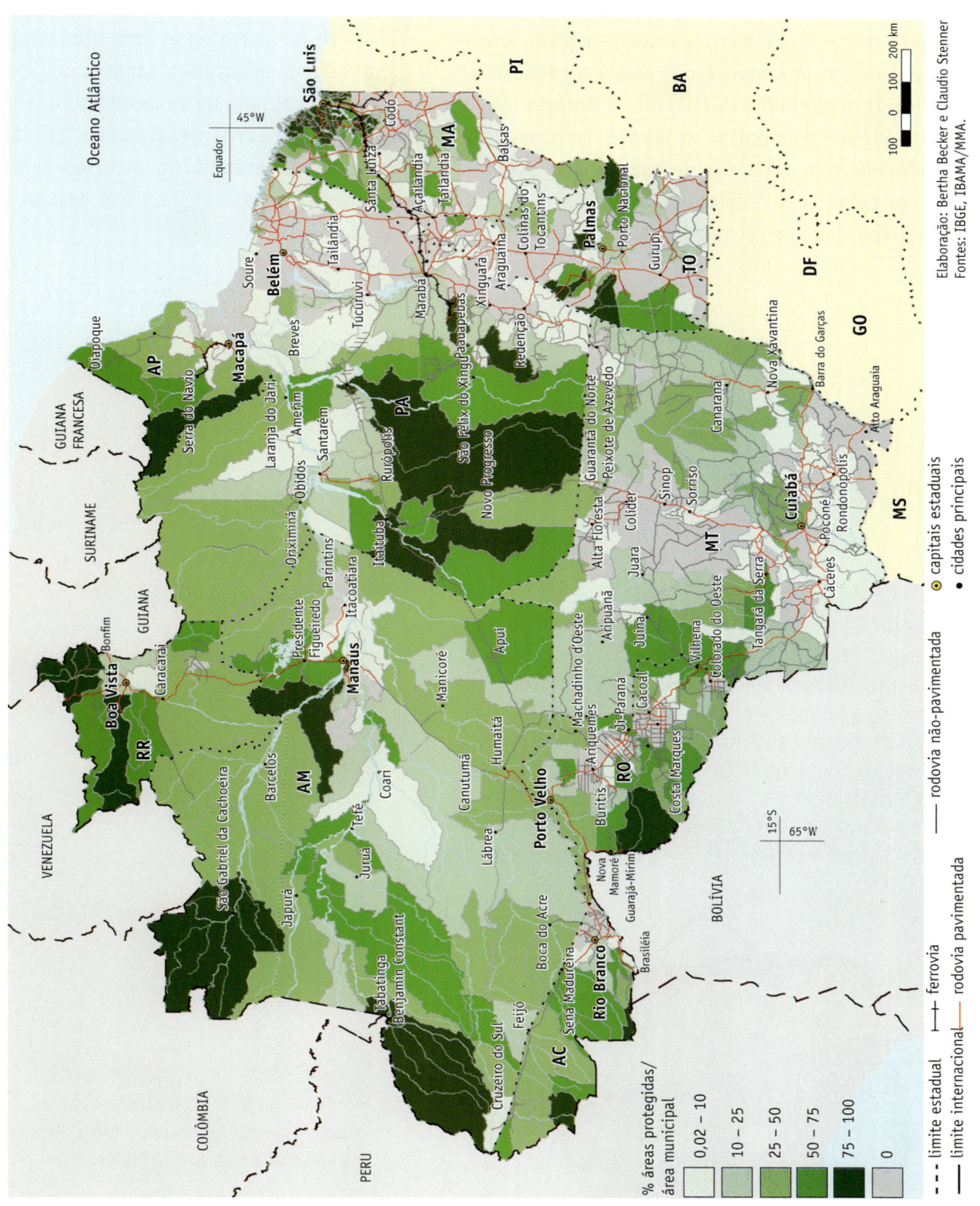

Fig. 1.11 O peso da floresta na gestão territorial – 2006*
*% de terras indígenas e unidades de conservação de uso sustentável e proteção integral sobre o total da área municipal

expansão dos mercados para a água, energia, alimentos, fármacos etc. Tal demanda aponta para uma grande valorização dos recursos naturais dos territórios brasileiro e amazônico. A expansão da soja e a pecuária se intensificam, invadindo e destruindo a floresta. Desta feita, fazendeiros e empresas expandem seus negócios por si mesmos, sem depender do Estado, eles próprios abrindo estradas para explorar a madeira e plantar pastos e grãos, tal como revelado na Fig. 1.12.

É assim que a Amazônia entrou no século XXI, como uma incógnita.

Novas estratégias têm que ser pensadas e implementadas, capazes de superar a falsa dicotomia entre desenvolvimento e conservação da natureza, compatibilizando crescimento econômico, inclusão social e uso dos recursos naturais sem destruí-los.

Associação dos Produtores de Artesanato e Seringa

Em 1995 foi fundada a Associação dos Produtores de Artesanato e Seringa – APAS. Em parceria com a Couro Vegetal da Amazônia (CVA), a APAS montou unidades de produção de Couro Vegetal e capacitou seringueiros na tecnologia de produção. O trabalho da APAS viabiliza a permanência do povo na floresta e incentiva o investimento dos recursos gerados pelos Seringueiros para

a melhoria da própria saúde básica e educação. Este trabalho beneficia atualmente 500 pessoas, sendo 89% seringueiros e seus familiares.

http://www.amazonlink.org/seringueira/index.html

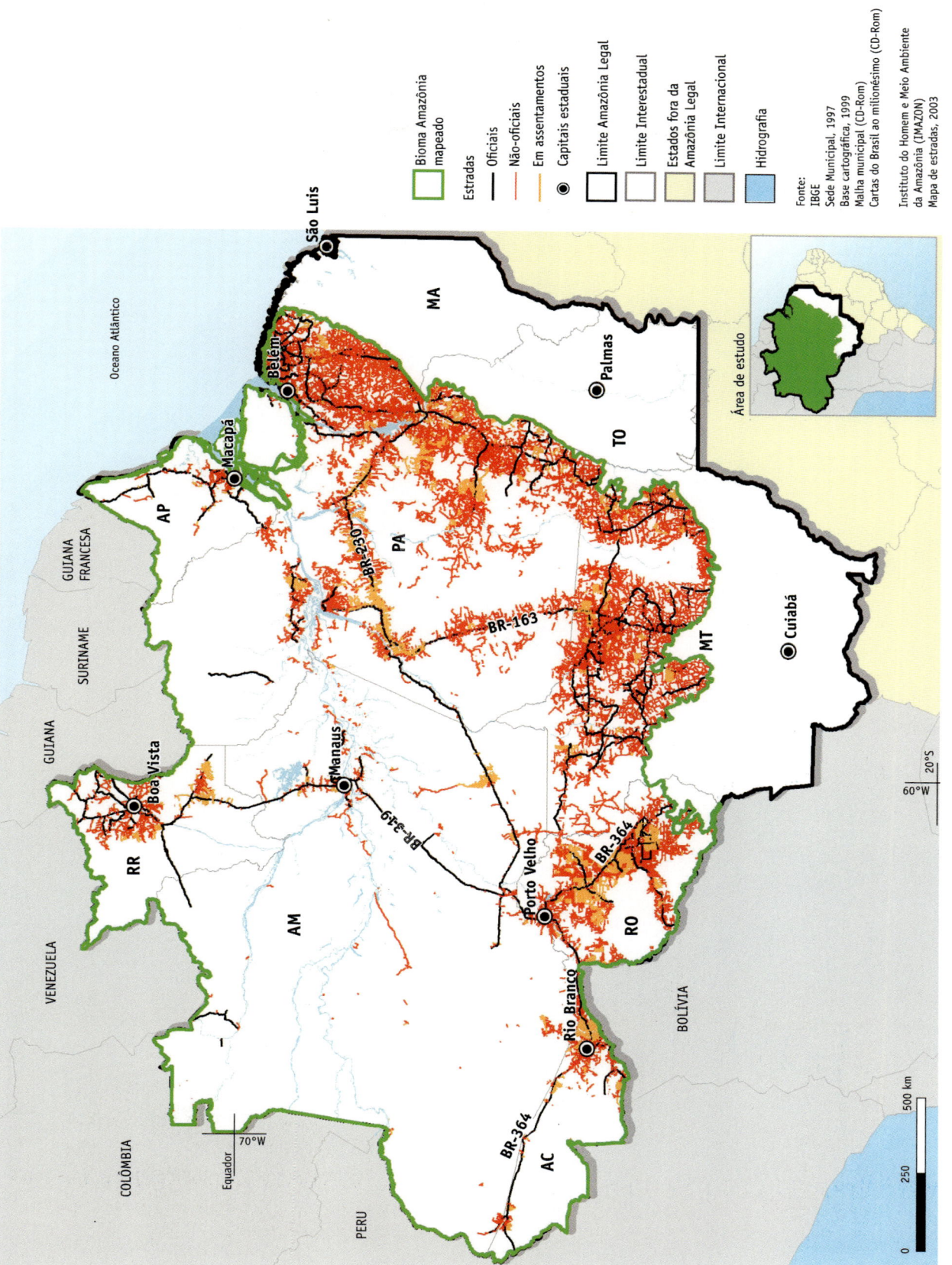

Fig. 1.12 Mapeamento de estradas não-oficiais na Amazônia

Biodiversidade: A Especiaria do Século XXI

O extrativismo de espécies vegetais e animais, valorizadas na grande variedade existente na Amazônia em diferentes períodos históricos, é uma marca que acompanha a formação da região.

Geradas na natureza, as espécies são, contudo, reveladas pelos homens. Enquanto índios e populações tradicionais descobriram inúmeras espécies com a finalidade de sua subsistência ou fins míticos, a expansão mercantil e industrial da economia-mundo revelou e/ou valorizou, respectivamente, espécies que constituíram as "drogas do sertão" – as especiarias – e as espécies produtoras da borracha, a seringueira e o caucho.

A revolução científico-tecnológica atribui novo valor econômico e estratégico à diversidade de espécies amazônicas, transformando-a na mais valiosa especiaria do século XXI. Desta feita, não pela valorização de uma ou outra espécie, mas por seu conjunto, como fonte da própria vida. O texto de Acuña, de 1641, revela como muitas espécies então reveladas são as mesmas espécies do século XVII, separadas por um abismo científico e tecnológico.

A revelação do novo valor da natureza amazônica é relativamente recente. Trata-se de plantas alimentícias, medicinais, fibrosas, oleaginosas, aromáticas, forrageiras, ornamentais, tóxicas, entre outras mais. C/T&I ampliaram gradativamente a escala de observação, informação e conhecimento das espécies. Enquanto nas primeiras explorações do período mercantilista a escala de observação era apenas a

Livro de Cristóbal de Acuñã

"Nessas florestas incultas os nativos encontram para seus males a melhor farmácia natural que há no descoberto, porque aqui se colhe a canafístula mais grossa que em outros lugares; a salsaparrilha mais perfeita; as gomas e resinas mais úteis e abundantes; o mel de abelhas silvestres, também muito abundante, pois não existe lugar por que se passe onde ele não seja encontrado, e é usado não apenas como remédio, para o que é muito saudável, mas também como alimento, pelo seu gosto agradável, dele se aproveitando igualmente a cera, que, apesar de escura, é boa e arde como qualquer outra. Existe aqui o óleo de andiroba, extraído da árvore desse nome, de valor incalculável para curar feridas, assim como o óleo de copaíba, outra árvore, incomparável como bálsamo. Há aqui mil espécies de outras ervas e árvores de particularíssimas utilidades e outras tantas por descobrir." (Cristóbal de Acuña, 1641)

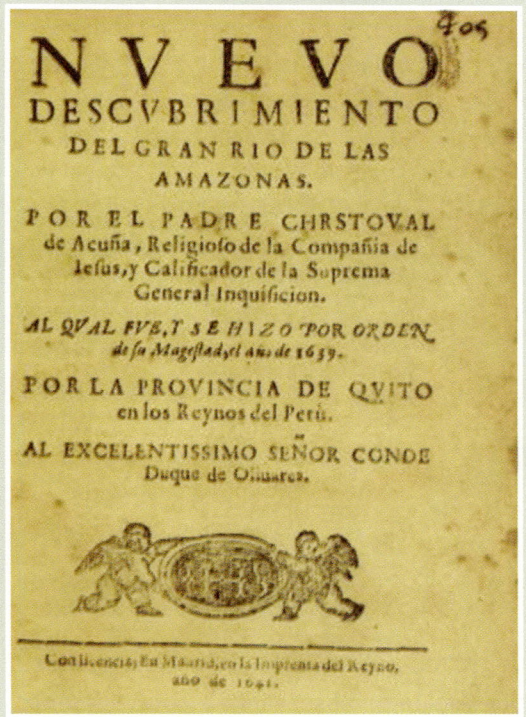

Fonte: Biblioteca Nacional.

Copaifera officinalis L., o primeiro bálsamo da Amazônia

O gênero *Copaifera* L. tem grande importância econômica na região amazônica na produção dos populares "óleos de copaíba", que na verdade são resinas com propriedades farmacológicas confirmadas. Conhecida pelos indígenas como Copaíba Maracaibo, a primeira espécie de copaíba a ser descrita na região foi *Copaifera officinalis*, bastante cultivada no Brasil, Venezuela, Colômbia, Suriname e Guiana. Essa espécie ocorre, naturalmente, com elevada freqüência na Amazônia setentrional, no extremo norte do Brasil, em Roraima, na Venezuela até as Antilhas e, por isso, pode ter sido intensamente explorada e tido seu óleo bastante comercializado na região do Caribe, no início da colonização da América, entre os séculos XVI e XVII).

O óleo de copaíba possui cheiro forte e sabor amargo, é líquido, transparente, levemente viscoso, com coloração variável entre o amarelo claro até o castanho. Sua extração é feita *in natura* com o auxílio de um trado que perfura o tronco, do qual escorre o líquido que contém o óleo. Após a extração, sem causar danos à planta, o orifício no tronco é fechado, usando um pedaço de mesma madeira que foi removida com o trado. A extração do óleo é feita por destilação e rende entre 60% e 80% do volume bruto extraído.

O óleo é um excelente fixador de perfume por possuir constituintes químicos como α-cariofileno, α-humuleno, β-cariofileno, β-bisaboleno, sesquiterpenos e outros. Pode ser utilizado puro ou associado com outros princípios ativos na formulação de cremes, loções, óleos, sabonetes, desodorantes e espuma de banho. Apesar dessa variedade de fixadores, suas propriedades curativas são comprovadas como antiinflamatório, cicatrizante, germicida, bactericida, balsâmico, desinfetante, diurético, expectorante e estimulante. O β-cariofileno é um dos compostos químicos mais estudados e possui ação antiinflamatória comprovada.

Outras partes de *C. officinalis* foram investigadas em suas sementes foram identificados ácidos graxos, esteróis e hidrocarbonetos, como o esqualeno, o tetradecano, o hexadecano e a cumarina (orthocoumaric anhydride). A cumarina tem aplicação em medicamentos anticoagulantes como a warfarina e pode ser utilizada na indústria alimentícia, substituindo a baunilha. Apesar de possuir toxicidade, tem importância ecológica na dispersão de *C. officinalis* no ambiente, porque os tucanos, principais dispersores de suas sementes, são atraídos pelo odor da cumarina e pela coloração amarelada do arilo das sementes.

Copaifera Planta

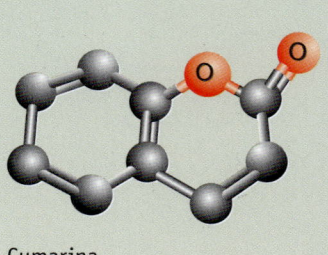
Cumarina

Erico Pereira-Silva

da macroflora e fauna, a Revolução Industrial permitiu uma mudança de escala de observação e conhecimento, com maior discriminação e seletividade de espécies, despertando a biologia para a importância do estudo da microflora e fauna. Hoje a ciência consegue obter informação e observação muito mais detalhadas, na escala dos genes, e, em associação com a tecnologia, aprofundam e aceleram sobremaneira o conhecimento e a inovação.

A variedade de espécies, ou diversidade da vida, alcunhada universalmente de diversidade biológica no início do século XX, passou no final do século a ser denominada biodiversidade. Esse termo, assim como capital natural e desenvolvimento sustentável, é recente, surgindo na década de 1980 em decorrência do novo patamar de seu aproveitamento, muito mais amplo e complexo, graças às novas tecnologias. Referem-se eles a problemas globais ainda em processo de constituição e investigação, que entraram no debate público antes de serem cientificamente definidos. A proteção da biodiversidade tornou-se objeto de uma convenção na Cúpula da Terra (1992) sem que a ciência pudesse prover subsídios às políticas públicas; por sua vez, tornou-se o foco do desenvolvimento sustentável, termo ambíguo, mas que passou a dominar o discurso e a orientar as ações.

A diversidade biológica amazônica, que sustenta historicamente a vida dos grupos indígenas e os surtos econômicos extrativistas, foi alçada ao *status* de biodiversidade das mais ricas do mundo. Entre as múltiplas possibilidades oferecidas pelos recursos naturais regionais, a biodiversidade se configura como a de maior capacidade de gerar riqueza e inclusão social sem destruir a natureza, abrangendo toda a escala regional, inclusive as comunidades que habitam as extensões florestais. E isso num tempo relativamente rápido.

Tal valorização vem desvanecendo a incógnita amazônica, impulsionando o desenvolvimento sustentável para um novo rumo, o da utilização do patrimônio natural, que vem superando a fronteira socioambiental configurada na década de 1990. Tamanha possibilidade, contudo, esbarra em três problemas: a ausência do conhecimento científico-tecnológico necessário, a iniciativa política da União e da região para implementá-lo, e a carência de empreendedores nacionais e regionais interessados e capazes de utilizá-lo no novo patamar de tecnologia.

Tarefa de tal monta impõe a compreensão do valor estratégico dessa nova especiaria no mundo globalizado, a avaliação do potencial amazônico e as oportunidades de sua nova forma de utilização.

2.1 O Significado Estratégico e a Geopolítica da Biodiversidade Amazônica

Foi justamente o avanço da tecnologia de satélites que permitiu ao homem olhar a Terra a partir do Cosmos e tomar consciência da unidade do globo como um bem comum, cujo uso deve repousar numa responsabilidade comum. Percebeu-se então que a natureza se tornara um bem escasso, e colocou-se o desafio ambiental como uma dupla questão: a da sobrevivência da humanidade e a de sua valorização como capital natural.

A natureza foi então revalorizada sob duas lógicas distintas. A lógica da acumulação valoriza seus recursos sob novos usos mediante novas tecnologias. É o caso da natureza como fonte de informação sobre a vida, fundamento dos avanços da biotecnologia e da engenharia molecular com base na decodificação, leitura e instrumentalização da biodiversidade. É também o caso da possibilidade teórica, ainda não solucionada, da utilização de isótopos de hidrogênio como insumo energético. Em outras palavras, a natureza é valorizada como capital de realização atual ou futura e como fonte da C/T&I contemporânea.

Na representação simbólica da lógica cultural, o processo de valorização da Amazônia decorre da centralidade que passaram a ter no mundo a biodiversidade e a sustentabilidade. Desde os anos 1970, a questão dos limites ao crescimento econômico metamorfoseou-se na preocupação com a sustentabilidade como *"locus* da vida". Movimentos ambientalistas corporificados em ONGs estendem suas redes amplamente na região, penetrando decisivamente no imaginário planetário.

Na raiz da questão ambiental há, como foi sinalizado, duas lógicas distintas, a da acumulação e a cultural, que, embora com objetivos diversos, convergiram para um mesmo projeto de preservação da natureza, colocando a questão ecológica na geopolítica global.

Uma vez que os estoques de natureza estão localizados sobretudo em territórios de Estados soberanos, como os amazônicos e africanos, ou em espaços ainda não regulamentados juridicamente como a Antártica e os fundos marinhos, a apropriação da decisão sobre o uso da natureza como reservas de valor, isto é, sem uso produtivo imediato, tornou-se uma forma de controlar o capital natural para o futuro. Constituiu-se, assim, um novo componente na disputa entre as potências – detentoras da tecnologia – pelo controle dos estoques de natureza, e entre elas e os países periféricos detentores desses estoques.

A Amazônia tornou-se o símbolo de questão ecológica em sua dupla face, e da disputa geopolítica. Explica-se, assim, a pressão ambientalista internacional e nacional na década de 1980, que, aliando interesses econômicos e geopolíticos de um lado, e ambientalistas de outro, além de encontrar terreno fértil decorrente de crise do Estado brasileiro e de resistências de grupos sociais locais, resultou numa política ambiental preservacionista dominante na década de 1990.

O principal resultado da política ambiental então estabelecida no Brasil, em contraposição ao desenvolvimento a qualquer custo, foi a demarcação de Áreas Protegidas (Terras Indígenas e Unidades de Conservação), que correspondem hoje a 36% do território amazônico, estabelecidos, sobretudo, na Amazônia florestal (Fig. 2.1). Trata-se de recortes territoriais excluídos do circuito produtivo, mas também significando proteção da floresta e da apropriação indevida de terras, que são bens públicos e trunfos do poder do Estado.

Enquanto nas áreas de cerrado da Amazônia Legal expandiram-se vigorosamente a pecuária e, particularmente, a agroindústria da soja, baseada em intensos investimentos em C&T e logística, nas grandes extensões florestais não se desenvolveram significativamente nem a C&T nem formas avançadas de produção.

Permaneceu, assim, o território florestal da Amazônia, correspondente a 40% do território brasileiro, pouco utilizado e pouco conhecido, à mercê de tentativas de ingerência externa, da ação do narcotráfico, da biopirataria e do revigoramento das frentes de expansão da soja e da pecuária que, formando um grande cinturão soja-boi no entorno da floresta, estendem essas atividades, destruindo o potencial florestal sob fortes conflitos sociais.

Na virada do milênio altera-se o contexto mundial, iniciando-se o uso do capital natural reservado na década de 1990. Acentua-se a vertente econômica de valorização da natureza em contraposição à vertente ambientalista, em todas as escalas geográficas. Observa-se um processo de organização de mercados de bens naturais transformados em mercadorias fictícias – fictícias porque não foram produzidas para venda no mercado (Polanyi, 1944; Becker, 2001b) –, mas que geram mercados reais, cuja regulação está em curso em grandes fóruns globais. É o caso do mercado do ar, por meio do Protocolo de Quioto; da Convenção sobre Diversidade Biológica, que procura superar conflitos quanto à propriedade intelectual, e de múltiplas agências que tentam regular o uso global da água, considerada o "ouro azul" do século XXI.

A importância maior da biodiversidade reside no avanço da fronteira científica, sobretudo a biotecnologia e a biologia molecular, na medida em que nela está

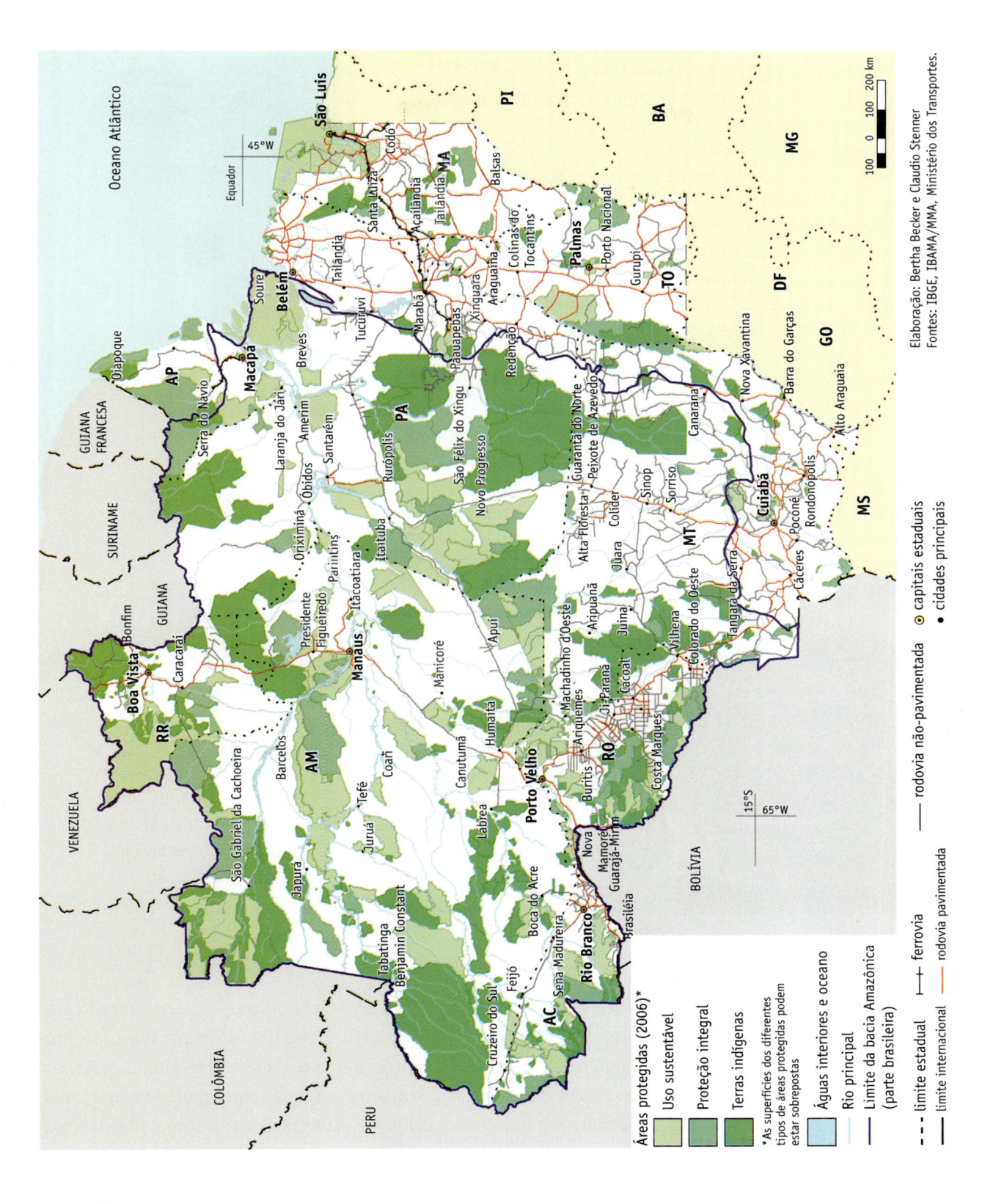

Fig. 2.1 Áreas protegidas da Amazônia Legal – 2006

Euterpe oleracea Mart., do palmito ao vinho, uma espécie de múltiplos usos

As palmeiras amazônicas têm grande destaque na alimentação, como fitoterápicos, no artesanato e em construções rústicas, sem contar a grande diversidade de usos a que podem ser destinadas. Entre as espécies de palmeiras, o açaí, *Euterpe oleracea*, é comumente encontrado na Amazônia Oriental, nos Estados do Pará, Amazonas, Maranhão e Amapá, nas Guianas e na Venezuela. Ocorre em áreas com solos alagados, várzeas e igapós, freqüentemente na forma de touceiras com estipes de até 25 m. Os frutos têm coloração violácea e, quando maduros, têm cor quase negra e consistência dura. São largamente utilizados para a produção de licores, doces, sucos, e as folhas dessa palmeira são usadas como cobertura de casas e na confecção de chapéus.

Dos frutos dessa palmeira se extrai o popular vinho de açaí, de elevada concentração de fibra alimentar, com cálcio, proteínas, lipídios, ferro e vitaminas A, B1 e C. O vinho de açaí, freqüentemente, é consumido com açúcar e farinha de mandioca ou tapioca, com camarão ou peixe salgado ou como alimento energético em outras regiões do Brasil. Apesar do grande consumo de seus frutos na forma de vinho, a principal importância econômica de *E. oleracea* é como produtora de palmito que, apesar de ter pouco valor energético, contém sódio, potássio, manganês, ferro, fósforo, cobre e silício.

Estima-se que, no Brasil, sejam consumidas, aproximadamente, 121 mil toneladas de suco de açaí e 86 toneladas de palmito. De todo palmito de açaizeiros produzido no País, cerca de 95% são destinados à exportação. Apesar desse elevado consumo, as técnicas de manejo do açaí têm permitido sua exploração em larga escala, sem colocá-lo em risco de extinção.

Erico Pereira-Silva

Euterpe planta

Euterpe frutos, açaí

codificada a vida e no coração da floresta estão contidas as matrizes genéticas. Somou-se a essa importância sua mercantilização, decorrente apenas do forte crescimento do consumo de fármacos, extratos e cosméticos. Hoje, acrescenta-se à sua valorização o mercado emergente de bioenergia, em rápida expansão, para o qual várias espécies da Amazônia podem contribuir.

Por sua vez, o incremento da demanda científica e do consumo de produtos naturais, em nível global, está em sintonia com a macropolítica nacional, cujo objetivo maior é a retomada do crescimento econômico com inclusão social e, também, com as necessidades e demandas da própria região amazônica, onde todos os atores aspiram alcançar melhores condições de vida, por meio da geração de riqueza, emprego e renda.

Hoje, portanto, não basta proteger a floresta. A proteção, apenas, não está conseguindo barrar a expansão da fronteira móvel comandada pelo mercado global e tampouco atender ao novo patamar de aspirações dos 20 milhões de amazônidas. Somente atribuindo valor econômico à floresta será ela capaz de competir com as *commodities*, impondo a necessidade da verdadeira revolução científico-tecnológica para esse fim.

Novas formas de produção e de desenvolvimento regional tornam-se necessárias, capazes de compatibilizar desenvolvimento com conservação ambiental, utilizando esse patrimônio natural para promover o crescimento econômico e a inclusão social sem destruí-lo, pois que ele é a própria base do desenvolvimento. Diante das iniciativas de integração sul-americana, a esse patrimônio acrescentam-se as extensões florestais dos demais sete países amazônicos, a saber, Bolívia, Colômbia, Equador, Guiana, Peru, Suriname e Venezuela. E o Brasil, exercendo a soberania sobre a maior parte do patrimônio natural amazônico (64%), assume posição de detentor da maior megadiversidade do mundo.

A biodiversidade amazônica é, portanto, elemento fundamental a ser utilizado em benefício do desenvolvimento regional e nacional. Mas sua utilização esbarra no confronto entre a magnitude do potencial, que corresponde a 20% da biodiversidade existente no mundo, e a insuficiência do conhecimento científico e tecnológico necessário ao aproveitamento sustentável dos recursos, correspondente a apenas 1% do acervo científico mundial das coleções biológicas.

Nesse contexto, a Amazônia e o Brasil tornam-se vulneráveis a pressões externas, pois que desenvolvimento e soberania estão intimamente associados.

O exercício da soberania tem dupla face. A face externa refere-se às relações com os países que compõem o sistema de Estados e com novos atores que atuam em âmbito global, tais como organizações financeiras, econômicas e políticas, fóruns globais, agências de desenvolvimento, organizações religiosas e organizações não-governamentais, entre outras. A face interna refere-se às relações domésticas com os diferentes grupos sociais que constituem a Nação.

Sempre foi íntima a interação entre as duas faces para assegurar a soberania sobre o território nacional. Hoje, em face da globalização, torna-se difícil manter a diferenciação entre elas. Atores globais atuam crescentemente dentro dos territórios nacionais – últimas fronteiras da soberania –, enquanto movimentos sociais tendem a se internacionalizar, como é visível na América Latina e no Fórum de Porto Alegre.

É parte integrante do exercício da soberania, portanto, manter a coesão social e política da Nação, que depende muito do nível de desenvolvimento alcançado pelos diversos grupos sociais e regiões que a constituem. No caso em pauta, tal coesão intensifica o desafio da utilização social e econômica do patrimônio natural da Amazônia em benefício das populações regionais e do País, hoje e no futuro, para o que o conhecimento é condição fundamental. A revalorização da natureza tornou a Amazônia uma área pivô para o exercício da soberania em sua dupla face, impondo a solução dos conflitos sociais e ambientais que a afligem e o enfrentamento de agendas e pressões externas que não atendem aos interesses regionais e nacionais.

Um aparente paradoxo se configurou. Enquanto os atores em nível global tornaram-se conscientes quanto ao valor estratégico da Amazônia e implementaram estratégias para uso futuro do seu patrimônio natural, aliás, já iniciado em nível nacional, governo e sociedade não foram sensibilizados nesse sentido.

É imperativo, portanto, que sociedade e governo brasileiros elaborem a sua própria agenda, acelerando a apropriação dos conhecimentos existentes sobre esse imenso potencial que aponta para o futuro, o qual começa hoje, considerando que o Brasil deveria tornar-se o maior detentor mundial do estoque de conhecimento sobre a biodiversidade amazônica, em coerência com a proporção mundial desse recurso presente no seu território.

Ademais, o avanço científico conduz continuamente a novas formas de utilização dos recursos genéticos. As matrizes genéticas localizadas no âmago da floresta são a chave para a revelação de novos alimentos, remédios e fontes energéticas.

2.2 A Megadiversidade Amazônica

Embora o conhecimento sobre a biodiversidade regional, como destacado, seja ainda pequeno e bem menor do que o existente em outros países, os números a ela referentes permitem confirmá-la como o maior ou, pelo menos, um dos maiores bancos genéticos do planeta.

Estima-se a existência de 1,8 milhão de espécies distintas de plantas, animais e microorganismos em território brasileiro, uma diversidade genética colossal, daí o termo megadiversidade. Entre os 17 países que reúnem 70% das espécies animais e vegetais em seus respectivos territórios, a biodiversidade brasileira é considerada a maior entre todas as relativas a plantas, primatas, peixes de água doce, anfíbios e insetos, e a terceira maior diversidade de aves e mamíferos (Tab. 2.1). A maior parcela desse universo, porém, não foi sequer registrada. Para alguns, o número das espécies desconhecidas é sete vezes superior ao das conhecidas, o que corresponderia, em conjunto, a 13% da biota mundial.

E a Amazônia é o maior sustentáculo dessa riqueza. A floresta tropical úmida cobre cerca de 7% do planeta e contém cerca de 50% da biodiversidade mundial. A floresta Amazônica cobre 3,3 milhões de km², que constituem 40% do Brasil e 1/3 das florestas tropicais mundiais.

Embora sempre grandes, os números quanto à biodiversidade amazônica divergem entre metade das espécies vegetais e animais, 1/3 das árvores, 1/3 do estoque genético do planeta etc., bem revelando as incertezas ainda dominantes.

Pesquisas desenvolvidas por instituições regionais como o Instituto Nacional de Pesquisas da Amazônia (INPA) e o Museu Paraense Emílio Goeldi (MPEG) são mais precisas, tal como exposto a seguir.

Na Amazônia existem sete mil espécies de animais vertebrados, 15 mil de vegetais superiores, 20 mil de microorganismos e mais de um milhão de espécies de animais invertebrados. No entanto, ainda pouco se conhece sobre essas espécies, sobre outras inúmeras, certamente existentes e desconhecidas, e menos ainda sobre os genes, fundamento dos avanços na biotecnologia. Somando-se o conhecimento científico ao conhecimento tradicional acumulados ao longo de dez mil anos, não se chegou a 1% de conhecimento da biodiversidade amazônica, já incluindo as plantas medicinais (Clement *et al.*, 2003).

A riqueza da flora compreende 30 mil espécies: são cinco mil espécies de árvores maiores, com mais de 15 cm de diâmetro, sendo que a diversidade dessas árvores por hectare varia entre 40 e 300 espécies. Comparativamente, na América do Norte existem somente 650 espécies de árvores (Fucapi, 2006).

Quanto à fauna, artrópodes, borboletas, anfíbios, répteis e mamíferos têm números de espécies muito significativos, destacando-se os peixes e as aves.

Tab. 2.1 Biodiversidade da Amazônia comparada à do Brasil e do mundo

Taxonomia	Amazônia	Brasil	Mundo
Plantas	30.000	43.020 – 49.520	263.800 – 279.400
Animais	?	103.780 – 136.990	1.279.300 – 1.359.400
Invertebrados**	?	96.660 – 128.840	1.218.500 – 1.298.600
Artrópodes	?	88.790 – 118.290	1.077.200 – 1.097.400
Cordados**	?	7.120 – 7.150	60.800
Peixes	1.300	3.420	28.460
Anfíbios	163	687	5.504
Répteis	240	633	8.163
Aves	> 1.000	1.696	9.900
Mamíferos	311	541	5.023
Total**		168.640 – 212.650	1.697.600 – 1.798.500

Fonte: Fucapi (2006).

Os artrópodes – insetos, aranhas, escorpiões, lacraias, centopéias etc. – constituem a maior parte das espécies de animais existentes no planeta, estimada em 80% do total. Na Amazônia, esses animais diversificaram-se de forma explosiva, principalmente instalados nas copas de árvores das florestas tropicais. Apesar de dominar a floresta Amazônica em termos de número de espécies, número de indivíduos e biomassa animal, e da sua importância para o bom funcionamento dos ecossistemas, estima-se que mais de 70% das espécies amazônicas de artrópodes ainda não possuem nomes científicos, uma situação que deve perdurar por muito tempo.

Atualmente, são conhecidas 7,5 mil espécies de borboletas no mundo, sendo 1,8 mil na Amazônia. Para as formigas, que contribuem com quase 1/3 da biomassa animal das copas de árvores na floresta Amazônica, a estimativa é de mais de três mil espécies; com relação às abelhas, há no mundo mais de 30 mil espécies descritas, sendo de 2,5 a três mil delas na Amazônia (MPEG, 2006).

Biopirataria – Fauna e Flora

Como exemplos de biopirataria confirmados, temos o do químico inglês Conrad Gorinsky que conviveu com os índios uapixanas, em Roraima, durante dezessete anos. Sem avisar, foi embora do Brasil e registrou, no Escritório Europeu de Patentes, os direitos de propriedade intelectual sobre dois compostos medicinais retirados de plantas usadas pela tribo.

Caso semelhante ocorreu com a Ayahuasca (bebida vinda de um cipó, cultivada e produzida pelos índios), da qual um americano obteve a patente, porém neste caso, a patente foi quebrada em 1999, pela defesa indígena.

Abaixo, espécimes freqüentemente pirateados.

Andiroba   Caranguejeira

Fonte: <http://www.fmt.am.gov/imprensa/biopirataria.htm>; <http://www.amazonlink.org/biopirataria>. Acesso em: 11 jun. 2008.

Theobroma **a origem da "comida dos deuses"**

A origem da palavra *Theobroma* é grega e significa "alimento dos deuses". Existem, aproximadamente, 22 espécies que pertencem ao gênero *Theobroma*, todas neotropicais, e oito delas ocorrem na região da Amazônia. Dessas espécies, três merecem destaque: *Theobroma cacao* L., *T. grandiflorum* (Willd. ex. Spreng.) K. Schum e *T. speciosum* Willd, em função das utilidades a que são destinados seus frutos.

A mais famosa e popular dessas espécies é o cacau, *Theobroma cacao*, que possivelmente tem sua origem nas cabeceiras do rio Amazonas e de lá se expandiu em duas direções principais, formando grupos distintos conhecidos como o cacau Crioulo e o cacau Forastero. O cacau Crioulo, originalmente, ocorre na América Central e no sul do México, amplamente cultivado no passado pelos astecas e maias. Sua casca tem a superfície enrugada; internamente tem coloração violeta pálido e abriga grandes sementes. Já o cacau Forastero ocorre na região da bacia do rio Amazonas até as Guianas. O fruto é ovóide de casca lisa e com leves sulcos; tem coloração interna entre o violeta escuro e o preto e é considerado o verdadeiro cacau brasileiro, muito disseminado e, atualmente, cultivado em diversas regiões do País. As sementes desses dois tipos de cacau são beneficiadas e utilizadas para a fabricação de chocolates e derivados como manteiga, óleo e componentes na indústria cosmética e farmacêutica.

Theobroma grandiflorum fruto

Apesar do cacau ter sua origem na Amazônia, suas sementes foram levadas para outras regiões do Brasil e outros continentes e, por isso, a região amazônica responde apenas com 1,5% da produção brasileira, sendo o maior produtor o Estado da Bahia, que produz 95% do cacau brasileiro. O cacau foi introduzido na Bahia em meados do século XVIII, quando as primeiras sementes foram trazidas do Pará e plantadas nas florestas úmidas costeiras. No fim da década de 70, a produção brasileira de cacau ultrapassou as 310 mil toneladas e gerou 3 bilhões e 618 milhões de dólares. Atualmente, aproximadamente 90% de todo o cacau brasileiro são exportados, e o Brasil é o quinto produtor no mundo, ao lado da Costa do Marfim, Gana, Nigéria e Camarões.

Outra espécie de importância é o cupuaçuzeiro, *Theobroma grandiflorum*, ocorrente nas várzeas férteis não inundáveis no interior de floresta do sul e nordeste da Amazônia oriental brasileira e nordeste do Maranhão, e também na região amazônica de países vizinhos. A árvore tem porte médio, é largamente cultivada em pomares domésticos e comerciais, podendo atingir 18 m de altura. O fruto, conhecido como cupuaçu, tem forma ovóide ou esférica e pode medir 25 cm de comprimento. Sua casca é dura, lisa e tem coloração castanho-escura. As sementes são envoltas em uma polpa branca, ácida e aromática, e delas podem ser obtidos chocolate e uma gordura fina, semelhante à manteiga de cacau. Quando maduros, os frutos caem espontaneamente e são consumidos como sorvetes, licores, sucos, compotas e geléias. Além do consumo doméstico, o cupuaçu reúne condições para o aproveitamento industrial. No início do século XXI, o nome cupuaçu havia sido registrado pela empresa japonesa Asahi Foods e gerou grande polêmica internacional. Após anos e esforços governamentais, em 2005, esse registro de patente e de direito de uso exclusivo do nome da fruta foi cancelado definitivamente.

O surgimento da vassoura-de-bruxa, doença causada pelo fungo *Crinipellis perniciosa* (Stahel) Singer, causou a queda na produção e na produtividade da cacauicultura no Estado da Bahia, e, na Amazônia, esse fungo tem afetado as culturas de cupuaçu. Depois dessa crise, a produção de cacau vem se recuperando; entre os anos 2003 e 2004 foi de 3.405.000 toneladas.

Uma espécie ainda pouco conhecida é o cacauí, cacau-bravo ou cacau azul, *Theobroma speciosum*. Muito aparentada com o cacau, tem pequeno porte e produz frutos durante todo o ano, os quais são avidamente consumidos por macacos, em virtude de suas sementes possuírem um arilo de sabor agradável. A ocorrência dessa espécie vai desde a bacia amazônica até o sul da América Central, nordeste do Brasil até o norte do Tocantins. Seu fruto é levemente aveludado e amarelado quando está maduro, sua polpa é suculenta, adocicada e pode ser consumida *in natura* ou em sorvetes, e as sementes podem ser uma alternativa para produção de cacau destinado à fabricação de chocolate. Apesar de pouco cultivado, *T. speciosum* tem sido pesquisado como espécie potencial para produção de cacau e melhoramento genético por meio da polinização.

Theobroma cacao fruto – desenho

Erico Pereira-Silva

A maior diversidade de peixes da América do Sul está centralizada na Amazônia, estimando-se que o número de espécies para toda a bacia seja superior a 1,3 mil, quantidade superior à que é encontrada nas demais bacias do mundo. Apenas no rio Negro já foram registradas 450 espécies, número muito superior a todas as espécies de água doce registradas na Europa, que não ultrapassam as 200. As aves constituem um dos grupos mais bem estudados entre os vertebrados; existem mais de mil espécies, das quais 283 possuem distribuição restrita ou são muito raras.

Um total de 163 registros de espécies de anfíbios foi encontrado para a Amazônia brasileira, equivalentes a 24% do total estimado para o País. E das 240 espécies de répteis identificadas na Amazônia, mais da metade são cobras, sendo o segundo maior grupo o dos lagartos.

Das 311 espécies de mamíferos registradas na Amazônia, os quirópteros e os roedores são os grupos com maior número de espécies. Mesmo sendo o grupo de mamíferos mais bem conhecido da Amazônia, nos últimos anos várias espécies de primatas têm sido descobertas, inclusive o sagüi-anão-da-coroa-preta e o sauim-de-cara-branca, *Callithrix saterei* (MPEG, 2006).

Em termos absolutos, os números da biodiversidade amazônica são tão impressionantes, que, supondo a manutenção da taxa atual das descrições de espécies

– algo como 1,5 mil espécies por ano –, sua catalogação total demandaria aproximadamente oito séculos para se completar, sob risco de perda de espécies que sequer viriam a ser descobertas!

Enquanto isso, avançam em ritmo acelerado as demandas de mercado para produtos da biodiversidade na sociedade global, configurando um enorme hiato entre o mercado e a oferta de conhecimento sobre a Amazônia. Tal descompasso tem favorecido crescente biopirataria, capaz de movimentar US$ 20 bilhões por ano e alcançar o lugar de terceira atividade ilícita do planeta (T&C Amazônia, 2003).

2.3 Utilizando/Conservando a Biodiversidade

As novas tecnologias, que valorizam o uso da biodiversidade num outro patamar, e as demandas da crescente complexidade da sociedade nos últimos vinte anos diversificaram os níveis de aproveitamento da biodiversidade. Esses níveis variam de acordo com os objetivos, as formas e os meios disponíveis particulares de uso de diferentes grupos sociais, sendo possível identificar: o extrativismo e a pesca tradicional, a agregação de valor mediante beneficiamento local, industrialização e tecnologia de ponta desenvolvida nos laboratórios das grandes empresas farmacêuticas globais.

Certamente o valor estratégico maior da biodiversidade reside, como visto, no fato de conter a informação codificada sobre a vida, fonte da ciência e da farmacêutica global. Basta lembrar que o projeto Genoma é o maior projeto científico desenvolvido em nível mundial.

Em nível industrial, são amplas as perspectivas imediatas de mercado para a biodiversidade. No que se refere aos produtos de saúde, segundo sua regulação e as tendências de mercado, são reconhecidos três setores:

1) Fitomedicamentos

Fitorrecursos de origem da flora que podem ser empregados como matéria-prima na fabricação de bens e serviços são os mais utilizados para fitofármacos.

a) Medicamentos alopáticos distribuídos nas farmácias, que exigem registro e submissão aos códigos de saúde pública e enfrentam a competição global da grande indústria farmacêutica. Nos últimos anos, dois terços dos medicamentos lançados nos Estados Unidos provêm direta ou indiretamente de plantas, e cinco de dez drogas prescritas no mundo são baseadas em produtos naturais de plantas. Esse mercado movimenta bilhões de dólares, tal como revela a Tab. 2.2.

b) Especialidades de conforto, fitoterápicos, plantas medicinais vendidas livremente com a condição de não mencionar o uso medicinal.

2) Nutracêutica (alimentos de bem-estar físico, complementares)

Plantas aromáticas e especiarias de fraco ou nulo valor nutricional, mas que podem contribuir para um melhor estado de saúde, tendo efeito fisiológico, e não farmacológico. Tem apresentado consumo espetacular nos últimos anos na Europa, Estados Unidos e Japão, correspondendo a mudanças nos hábitos de consumo.

3) Dermocosmética

Setor em pleno crescimento, com grande procura de produtos vegetais e abandono progressivo de produtos de origem animal. Os ecoprodutos cosméticos são o setor mais promissor à valorização econômica da floresta e contam, inclusive, com legislação menos pesada.

Nutracêutica e dermocosmética têm estrutura de mercado semelhante: forte demanda de matéria-prima vegetal e de novos princípios ativos, mas em pequenas

Tab. 2.2 Mercado farmacêutico no Brasil e no mundo

Item	Mercado
Mercado brasileiro (medicamentos)	US$ 7 bilhões
Parcela da população brasileira sem acesso a medicamentos essenciais	> 50%
Participação do capital nacional no setor farmacêutico	25% do mercado; faturamento de US$ 1,75 bilhão em 2001
Medicamentos derivados de fontes naturais	40% do total: 25% (plantas), 13% (microorganismos) e 2% (derivados de animais)
Mercado de fitoterápicos no mundo	> US$ 20 bilhões/ano
Custo de desenvolvimento de um medicamento sintético	De US$ 350 a 780 milhões

Fonte: Sany (2003 apud Fucapi, 2005).

quantidades, e vida curta dos produtos. São os setores mais propícios a empresas locais e devem ter apelação geográfica.

Vale registrar que algumas espécies podem até não ter grande valor no mercado, mas têm considerável valor no uso para as populações locais, estando integradas à sua cultura, sobretudo ervas. E verdadeiras cadeias produtivas populares se formam para garantir esse uso cultural. Exemplo é a Associação Ver-as-Ervas, de vendedores e manipuladores de ervas no mercado do Ver-o-Peso, em Belém - PA.

No campo da produção de energia, questão crucial que hoje se coloca tanto em nível regional como nacional e global, são inúmeras as possibilidades que se abrem para a bioenergia, algumas já conhecidas e outras ainda a serem reveladas. Até o momento, o dendê é considerado a mais adequada à região.

Às possibilidades de mercado coloca-se hoje o grande desafio energético do século XXI, priorizando a pesquisa sobre a bioenergia. O alto preço e a instabilidade do petróleo, associados à crescente conscientização quanto à participação dos homens no aquecimento global e a conseqüente necessidade de reduzir a emissão de gases de efeito estufa, estão gerando uma corrida para o uso da bioenergia, ou biocombustíveis.

Valoriza-se, assim, a natureza tropical do território brasileiro, onde múltiplas espécies da flora podem ser utilizadas para gerar energia, particularmente na Amazônia. O Brasil é, hoje, a nação mais avançada do mundo na produção de biocombustível, graças à inovação tecnológica que desenvolveu para transformar a cana-de-açúcar em álcool combustível. Produz 18 milhões de litros por ano, a partir de três milhões de hectares de cana-de-açúcar. Mais de 80% dos carros novos vendidos no País são *flex-fuel* (podem utilizar gasolina e álcool). Além disso, o etanol brasileiro é mais barato (50%) do que o norte-americano, produzido a partir do milho. Além de etanol, óleos diversos podem ser utilizados para a produção de biodiesel.

Para incentivar a produção de biocombustíveis e diversificar a matriz energética do Brasil – que já é das mais variadas e limpas do planeta –, o governo brasileiro firmou com o norte-americano um memorando de cooperação (9/3/2007). O governo prevê que o uso crescente de biocombustíveis será uma contribuição para a geração de riqueza e inclusão social. Nos próximos quatro anos serão aplicados quase 20 bilhões em recursos renováveis, a serem investidos na implantação de 46 usinas de biodiesel e 77 de etanol, além da construção de 1.150 km de dutos para trans-

Aniba rosaeodora Ducke: um aroma inebriante que pode morrer

Essa espécie pertence à família Lauraceae, muito importante sob o ponto de vista medicinal, representada por 2.850 espécies no mundo, grande maioria tropical e de ocorrência na América do Sul. Ocorre no Brasil, Guiana Francesa, Suriname, Guiana, Venezuela, Peru, Colômbia e Equador. Existem 19 gêneros no Brasil, totalizando 390 espécies representadas popularmente pelas famosas canelas, não só na Amazônia, mas também na Mata Atlântica e em outros ecossistemas brasileiros. Alguns dos principais gêneros botânicos são *Ocotea*, *Nectandra*, *Cinnamomum*, entre outros.

Na Amazônia, uma espécie dessa família tem grande importância econômica para perfumaria, pelo fato de produzir uma essência denominada linalol, muito utilizada como fixador de perfumes.

Aniba roseodora frutos

Conhecida como pau-rosa, *Aniba rosaeodora* Ducke, pode atingir 40 metros de altura e até 1 metro de diâmetro de tronco. Seus frutos são avidamente consumidos por pássaros que podem atuar como dispersores das sementes. Sua madeira ainda tem sido muito utilizada para a extração do linalol, destinado à produção de perfumes como o afamado Chanel nº 5®, cujo frasco pode custar até U$ 145,00, e, por muito tempo, essa essência foi aplicada ao nosso conhecido sabonete Phebo®. Apesar do interesse econômico para a indústria de cosméticos, o óleo do pau-rosa tem sido usado há séculos pelas medicinas indígena e popular da Amazônia.

Existem dois tipos de linalol: o dextrógiro, presente nas espécies de pau-rosa do sul da Amazônia, denominado variedade Brasil, de qualidade olfativa inferior ao linalol levógiro, presente nas espécies da variedade Caiena, ocorrente no norte da Amazônia (Guianas e Amapá). Ambas as formas têm grande importância econômica e atendem a um mercado que consome 13.000 toneladas de madeira por ano. Pelo fato do tronco produzir mais dessa essência do que folhas, galhos e outras partes da planta, para a destilação de dez quilos de linalol, são necessários 1.000 quilos de madeira reduzida a cavacos, e cada quilo de linalol custa U$ 40,00, em média, no mercado externo. A produção de óleo de pau-rosa tem diminuído vertiginosamente, passando de 450 toneladas anuais nos anos 80 para 50 toneladas nos últimos anos, movimentando, aproximadamente, US$ 1,5 bilhão anuais.

A fórmula do Chanel nº 5® tem sido a mesma desde 1921, e o abate do pau-rosa ainda tem sido feito em condições primitivas. Apesar da lei preconizar a proteção dessa espécie que se encontra em extinção, a exploração destrutiva de pau-rosa continua. O corte indiscriminado de todas as árvores adultas em idade de reprodução além de causar a erosão genética impossibilitou a regeneração natural, provocando a drástica redução dessa espécie.

São necessárias alternativas para sua sustentabilidade na tentativa de não deixar esse aroma morrer. Entretanto, apesar de já existirem diversas propostas e algumas técnicas de manejo da espécie, pelo fato do pau-rosa ter crescimento muito lento, acredita-se que, para a exploração de plantações e o manejo de regeneração de florestas nativas, o ciclo de corte possa ser de 50 anos, no mínimo, o que dificilmente acabaria com a exploração predatória dessa espécie.

Erico Pereira-Silva

porte dos combustíveis. Um Selo Combustível Social com incentivos fiscais será concedido aos produtores de biodiesel que promovam a inclusão social, por meio da geração de emprego e renda, para os agricultores familiares.

Eis um novo e premente desafio para a C/T&I e o desenvolvimento da Amazônia. Certamente a bioenergia abre grandes possibilidades para a região, que já conta com experiências na plantação do dendê, uma árvore, portanto, propícia ao ambiente florestal. Há, contudo, questões a observar, e todas demandam C/T&I. Trata-se do conhecimento de espécies propícias, do desenvolvimento de tecnologias adequadas de produção, comercialização e processamento, de quem e onde plantar.

As informações prestadas pelo governo parecem sugerir que o etanol baseado na cana-de-açúcar será obtido em grandes plantações, como já está acontecendo em São Paulo e no Nordeste, onde se acelera a compra de terras, inclusive por grupos estrangeiros. Grandes produtores poderão também utilizar a produção de diesel a partir da soja. São os produtores familiares que têm menos conhecimento e recursos para participar da nova investida.

Há, como se percebe, riscos de se reproduzir o processo histórico de expansão de uma nova fronteira móvel, tecnologicamente moderna e, portanto, mais veloz e poderosa, avançando pelo território, incorporando a produção familiar e destruindo a floresta.

Para barrar tal possibilidade, o governo não deve oferecer apenas incentivos, e sim, estabelecer regras do jogo claras que demarquem o que, onde, como e quem deve plantar, e proporcionar os incentivos às diferentes porções do território, segundo suas características sociais e ambientes com vistas a um futuro acolhedor.

Na Amazônia, domina ainda o extrativismo tradicional, embora um número significativo de pequenas e médias indústrias já esteja produzindo óleos e extratos, sobretudo para a dermocosmética. Entre os fitos utilizados, destacam-se a copaíba, o urucum, a andiroba e o pau-rosa. A construção do Centro de Biotecnologia da Amazônia (CBA), em Manaus, indica a intenção de

Fig. 2.2 Mercado Ver-o-peso, em Belém – PA. Grande comércio de especiarias

um aproveitamento da diversidade biológica com tecnologias mais avançadas. Um grande potencial nesse setor é a associação da indústria microeletrônica já existente com a biotecnologia, rumo à nanotecnologia, uma nova fronteira da ciência. Vale ainda registrar o mercado representado pela saúde pública, tão carente no Brasil. Nesse sentido, é uma iniciativa alvissareira a recente instalação de uma sede do Instituto Butantã em Santarém, somando-se a uma da Fiocruz já existente em Manaus.

Reconhecendo a dificuldade de competir com a indústria farmacêutica global – à exceção da saúde pública –, há que se implementar uma estratégia para todo o espectro de aproveitamento do ser vivo em circuitos comerciais diversos, que vão desde o mercado local à exportação. Ou seja, desenvolver pesquisas para comercializações alternativas que permitam estabelecer laços mais estreitos entre produtores locais e a demanda nacional ou internacional.

Como se pode observar, as perspectivas de uso da biodiversidade amazônica para gerar riqueza, trabalho e renda sem destruí-la são reais e factíveis, mesmo com o conhecimento ainda restrito de seu potencial. Elas desvelam uma parcela da incógnita amazônica.

Cumpre, assim, articular e gerir o conhecimento já produzido pelos centros e redes de pesquisa, pelas indústrias emergentes e pelas populações tradicionais, para ampliá-lo e agilizá-lo de modo a enfrentar esse desafio que o futuro representa.

2.4 Desafios para a C/T&I

À superfície, o obstáculo maior ao aproveitamento adequado da megadiversidade amazônica reside na expansão das *commodities* com alto valor no mercado global, como a soja e a carne. Em outras palavras, os bens da floresta não conseguem competir com esses produtos cuja expansão acaba por destruí-la.

No âmago do problema situa-se o conflito de interesses gerando uma falsa dicotomia entre preservação e desenvolvimento. O desafio maior que se coloca, portanto, é eliminar essa falsa dicotomia que imobiliza as ações, pois que o desenvolvimento da região se fundamenta no seu potencial natural e cultural, cuja destruição é totalmente contraditória a essa possibilidade.

E à C/T&I cabe, justamente, conceber um novo paradigma, com novas formas de produção capazes de utilizar o patrimônio natural sem destruí-lo, como acima apontado. Desafios associados a esse são a lacuna do conhecimento e de competência regional em C/T&I, a escassez de empreendedores regionais e nacionais interessados em industrializar a megadiversidade e, por que não dizer, a ausência de uma vontade política efetiva baseada num planejamento estratégico que priorize esse objetivo.

Uma breve avaliação da situação da C/T&I regional indica um grande atraso em relação à situação nacional, mas forte crescimento e novas tendências em anos recentes. Em se tratando de potencial para uso da biodiversidade, interessa saber se o direcionamento dessas tendências atendem ou não a essa necessidade.

Há décadas a posição da Amazônia em C/T&I no país situa-se entre 3% e 5% do total dos pesquisadores titulados, dos investimentos federais em fomento à pesquisa e formação de recursos humanos, bem como dos investimentos dos Fundos Setoriais (para uma análise mais detalhada a respeito, ver Becker, (2005)). O fraco apoio da União à ciência e tecnologia regionais é patente na Tab. 2.3.

Mas na Amazônia há demanda crescente pelo ensino universitário, novos atores e iniciativas próprias quanto à C/T&I, confirmando a afirmativa de que ela é, hoje, uma região com vida própria.

É flagrante o conteúdo diverso das novas tendências: por um lado a difusão espacial do ensino de graduação público, significando a implantação de um cimento educativo básico e o acesso de parcela signifi-

Tab. 2.3 Brasil e Amazônia Legal – Investimentos em C&T – 2000-2003

Tipo de Investimento	Valor do Investimento (R$)	% do Investimento
Bolsas - resto do País	1.944.522.695,05	97,0
Bolsas - Amazônia Legal	60.301.674,84	3,0
Fomento - resto do País	267.659.372,73	93,2
Fomento - Amazônia Legal	19.673.657,26	6,8
Editais FNDCT - resto do País	1.093.312.186,08	94,8
Editais FNDCT - Amazônia Legal	59.388.306,77	5,2
Investimento total - resto do País	3.360.118.211,97	95,7
Investimento total - Amazônia Legal	151.854.306,63	4,3

Fonte: CNPq/Finep - Fundos Setoriais - Estados Amazônia Legal

cativa da população de melhor nível a essa oportunidade; por outro lado, instituições avançadas altamente concentradas em termos espaciais e de pesquisadores, onde se situam o ensino e a pesquisa associados à biodiversidade.

São apenas 412 as instituições de C&T em toda a Amazônia, inclusive de Ensino Superior (IES), registradas pelo Prossiga (Ministério da Ciência e Tecnologia - MCT). O maior número delas se localiza no Pará e no Amazonas (103 em cada), seguidos pelo Mato Grosso (91). Destaca-se a importância de novos atores até recentemente inoperantes: a) a esfera privada – IES, ONGs, empresas e instituições de pesquisa – e b) governos estaduais, por meio, sobretudo, de suas Secretarias, mas também de prefeituras.

Nesse contexto, as IES públicas têm um papel vital. As federais abrigam 35% dos alunos matriculados na região, destacando-se a Universidade Federal do Pará, a maior do Brasil em número de estudantes de graduação. E, mais importante, as IES públicas respondem pela interiorização do ensino universitário, por meio de uma estratégia de descentralização baseada na implantação de campi avançados das principais universidades públicas da região (Fig. 2.3).

A competência regional para a utilização consciente da biodiversidade ainda se situa muito aquém das necessidades. Há, contudo, oportunidades emergentes que não se restringem ao ensino superior, exigindo um olhar mais abrangente quanto à Pesquisa e Desenvolvimento (P&D).

Condições para conhecimento e uso da biodiversidade estão se constituindo num patamar próprio, muito mais elevado e desligado dos cursos de graduação.

É em nível de novas instituições e organizações que se situa a oportunidade de gerar P&D e mobilizar pesquisadores de instituições mais antigas como o Museu Paraense Emílio Goeldi e o Instituto Nacional de Pesquisas da Amazônia. É possível identificar os novos atores em alguns grandes grupos, a seguir apontados.

2.4.1 Instituições Produtoras de Conhecimento

Trata-se, de início, dos Programas de Pós-Graduação e dos Centros de Pesquisa, com destaque para o Centro de Biotecnologia da Amazônia (CBA).

Os cursos de pós-graduação constituem um dos *loci* onde se desenvolvem excelentes pesquisas sobre biodiversidade. A evolução dos programas de pós-graduação *stricto sensu* é recente; em 2002 existiam cursos de mestrado e doutorado em apenas sete IES e cinco cidades (capitais estaduais), sendo que somente Belém e Manaus concentravam 40 dos 52 programas existentes.

Em 2004, 12 IES ofereciam cursos de pós-graduação em sete cidades, mas, ainda assim, Belém e Manaus concentravam 61 dos 86 programas existentes. A distribuição dos alunos matriculados nesses cursos consta da Fig. 2.4. Pesquisas universitárias avançadas nesse campo do conhecimento são ainda mais restritas, destacando-se: a) os programas de pós-graduação em Genética e Biologia Molecular da UFPA; b) o programa multiinstitucional Biotec, em Manaus; c) a Universidade da Floresta, em Cruzeiro do Sul (Acre), recém-aprovada.

Outros centros de pesquisa se desenvolveram em parceria com as Secretarias Estaduais, localizando-se ou não nas universidades, tais como: a) o Instituto de Pesquisas Científicas e Tecnológicas do Amapá (Iepa), o mais antigo, que pesquisa plantas medicinais; b) o Centro de Pesquisas em Medicina Tropical/Instituto de Pesquisas em Patologias Tropicais (Cepem/Ipepatro), estabelecido recentemente em Porto Velho mediante parceria Universidade-Secretaria, com pesquisa avançada em biogenética e medicina tropical; c) a Universidade da Floresta, recém-criada no Acre.

O Centro de Incubação e Desenvolvimento Empresarial (Cide) é uma sociedade civil sem fins lucrativos

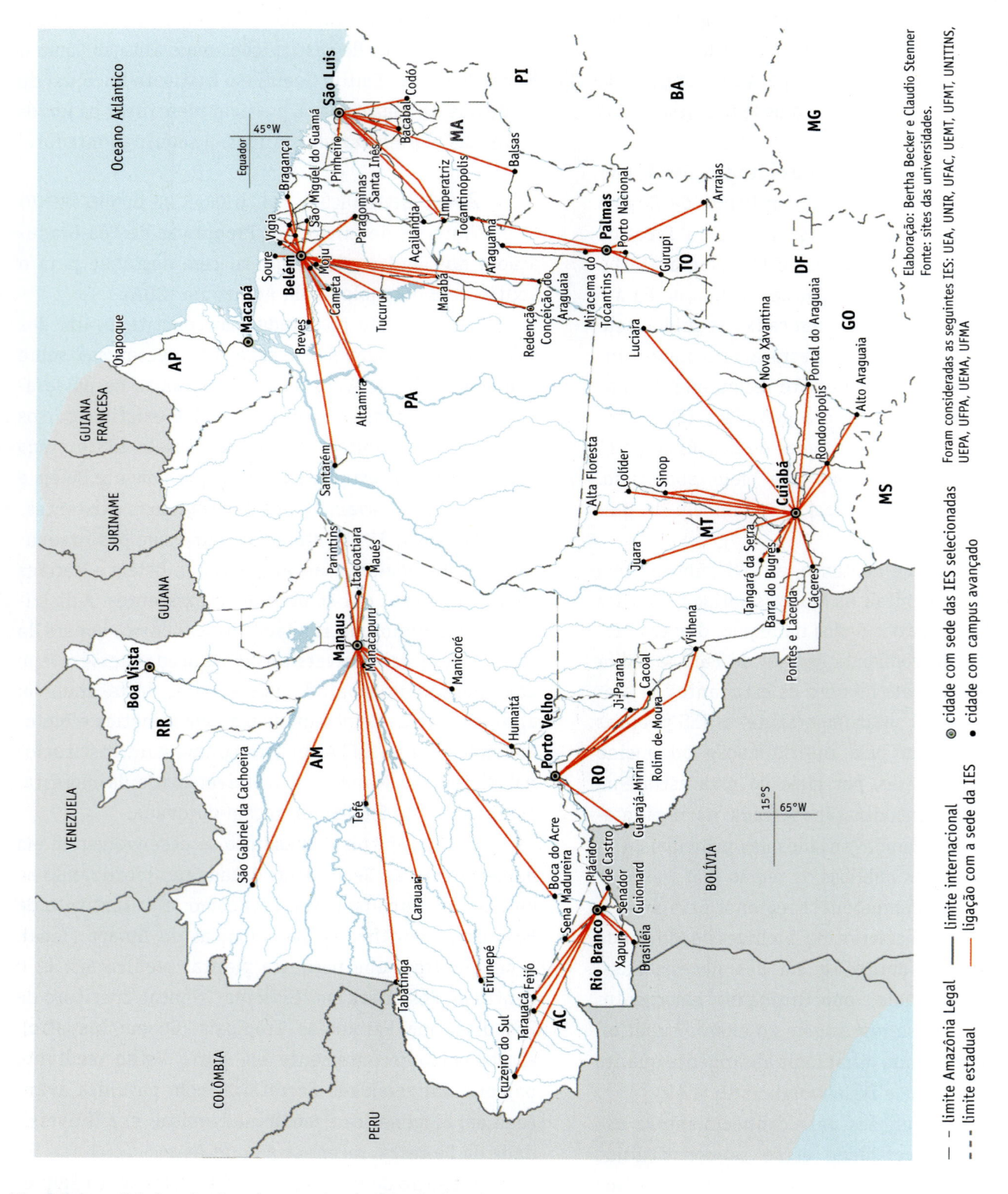

Fig. 2.3 Amazônia Legal – Campi avançados de IES selecionadas – 2005

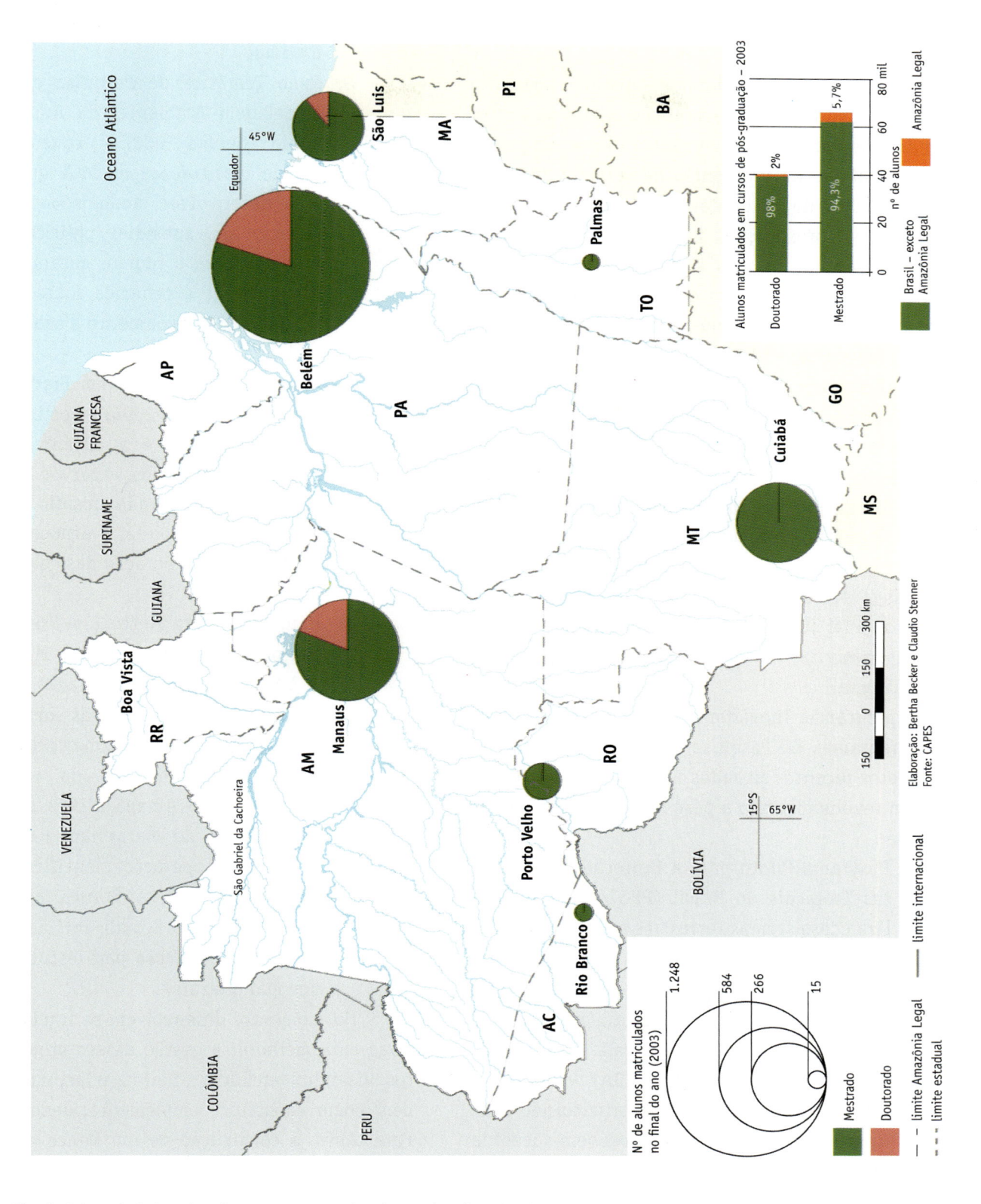

Fig. 2.4 Amazônia Legal – alunos em cursos de pós-graduação – 2003

que, por meio da incubação de empresas, objetiva promover o desenvolvimento e a transferência de tecnologias inovadoras.

Mas é o Centro de Biotecnologia da Amazônia (CBA) a mais importante pré-condição para a inovação, iniciando a implantação de seus laboratórios e equipes em 2004. Trata-se de um centro de serviços tecnológicos associado à demanda das empresas, envolvendo: bioprospecção, prospecção tecnológica, orientação quanto a patentes, indução à formação de empresas e parques tecnológicos, bem como a coordenação de projetos. Tem papel central nos arranjos institucionais para implementar as cadeias de uso da biodiversidade e constitui a maior central de análise no país nesse campo de conhecimento. Financia vários cursos de pós-graduação e tem como estratégia o rápido rodízio de pesquisadores para continuamente formar novos e para que os de formação avançada regressem à universidade, visando à formação de recursos humanos.

Ademais, o CBA mudou o perfil do Pólo Industrial de Manaus (PIM), e hoje está associado ao Centro Tecnológico do PIM (CT-PIM), numa parceria promissora para o desenvolvimento da nanotecnologia, uma fronteira da ciência.

Os programas inovadores da Secretaria de Políticas e Programas de Pesquisa e Desenvolvimento do MCT, projetos recentes situados na fronteira da ciência e que vêm revolucionando a pesquisa na região, são os seguintes:

- Programa Piloto para a Proteção das Florestas Tropicais do Brasil (PPG7/1994) – focaliza ecossistemas terrestres e aquáticos; abre oportunidades para projetos de porte médio e pequeno importantes para a região e tem interfaces com todos os demais projetos.
- Experimento de Grande Escala da Biosfera-Atmosfera na Amazônia (LBA/1996) – é o projeto mais consolidado, constituindo rede internacional de pesquisadores bem-sucedida tanto na geração do conhecimento como na formação de recursos humanos. Sua missão é investigar o funcionamento dos ecossistemas em sua relação com o clima.
- Rede Temática de Pesquisa em Modelagem Ambiental da Amazônia (Geoma/2002) – consórcio de instituições do MCT que visa desenvolver modelos computacionais, subsidiar políticas públicas para a região, gerando diagnósticos e cenários sobre a dinâmica do povoamento e sobre a biodiversidade.
- Programa de Pesquisa em Biodiversidade (PPBio/2004) – realiza a bioprospecção e a organização de inventários, acervos e coleções. Seu grande desafio é sistematizar a coleta, o armazenamento e a integração das coleções.
- Programa Costa Norte (em conjunto com a Assessoria do Mar e Antártica), em implantação – visa gerar conhecimentos sobre os sistemas costeiro/marinho, influenciado pela foz do rio Amazonas, do Amapá à baía de São Marcos, no Maranhão. Participa de cooperação científico-tecnológica com a França por meio do Projeto Ecolab, iniciado na Guiana Francesa para estudo dos manguezais.

No momento, desenvolvem-se iniciativas para melhorar a gestão desses projetos, visando identificar sinergias e lacunas, bem como construir complementaridades. Para tanto, a construção de um Banco de Dados comum é investimento fundamental.

2.4.2 Empresas e Empreendedores Produtores de Conhecimento

Trata-se de grandes e pequenas empresas que já realizam o aproveitamento da biodiversidade, trazendo contribuição ao conhecimento e atuando em diferentes níveis de produção.

Grandes empresas são pouco numerosas. No caso da Cognis, resume-se a extrair o óleo, trabalho efetuado em comunidades tradicionais, coletá-lo e enviá-lo a São Paulo, onde é beneficiado e exportado para o exterior. A Natura Cosméticos, pelo contrário, beneficia parte da produção extrativa – igualmente obtida em comunidades – na própria região.

Os embriões de bioindústria são constituídos por incubadoras universitárias e empresariais e por pequenas e médias empresas regionais que emergem como promissoras no fortalecimento de P&D. O Programa de Apoio à Pesquisa em Empresas (Pappe), em parceria com as Secretarias de C&T e os Fundos Setoriais Verde-Amarelo, Info e Amazônia, é impulsionador da formação dessas empresas, voltadas, sobretudo, à dermocosmética. A matéria-prima é igualmente obtida em comunidades, por vezes a 500 km de distância, circulando pelos rios.

O saber das comunidades locais corresponde a experiências isoladas de cultivo de plantas medicinais, produção de óleos e extratos para aplicação em fitoterápicos e cosméticos, que começam a emergir. São atividades de pequena escala e informais que agregam pesquisadores, pequenos empresários, ribeirinhos e comunidades. As que têm alcançado destaque são as que envolvem as comunidades tradicionais, onde se esboça uma densidade mínima de produção. É o caso das Reservas Extrativistas (Resex) localizadas no Laranjal do Jarí (Amapá), que produzem xampus, hidratantes e sabonetes a partir da castanha do Brasil, e aromatizantes de ambientes obtidos da copaíba, bem como do médio Juruá, em Carauari (Amazonas), que produz também esses produtos com óleo de andiroba, voltando-se hoje para a fabricação de biodiesel.

É patente que todas as iniciativas de utilização da biodiversidade dependem das comunidades tradicionais para a sua viabilização. No caso da grande empresa, a obtenção da matéria-prima é mais organizada, enquanto as médias e pequenas não têm com elas laços estáveis. É digna de nota a coexistência de atores no caso das empresas de menor porte – universidade, empresários, comunidades – e, sobretudo, nos projetos comunitários, parcerias que merecem ser consolidadas.

2.4.3 O Apoio Crucial das Secretarias de C&T

As Secretarias de C&T representam um dos mais responsáveis atores na dinamização da P&D regional, em geral e em particular na biodiversidade. Sua atuação não se restringe a recursos financeiros injetados nas instituições por meio de bolsas e auxílios; envolve também parcerias fundamentais com unidades de pesquisa e apoio à indústria, exercendo a mediação crucial entre a universidade e a empresa. O mais expressivo exemplo de inovação institucional nesse campo é o da Secretaria Executiva de Ciência, Tecnologia e Meio Ambiente do Estado do Amazonas, uma das mais ativas do país.

O fato de a Amazônia revelar novos atores e iniciativas inovadoras, próprias, embora isoladas e em pequeno número, quanto à C/T&I, é digno de nota. Uma região que se formou a partir do extrativismo elementar, em surtos comandados por interesses econômicos e geopolíticos externos, que se apropriaram sistematicamente dos conhecimentos com essa finalidade, teria que enfrentar dificuldades diante das novas demandas e meios da revolução científico-tecnológica.

Ainda assim, as instituições de pesquisa da própria Amazônia são pouco

Oenocarpus bataua Mart., o azeite da Amazônia

O Brasil é considerado o terceiro país mais rico em diversidade de palmeiras nativas, e a floresta amazônica detém a maior diversidade, abrigando 35 dos 42 gêneros brasileiros conhecidos. Desse montante, aproximadamente 150 espécies, de um total de mais de 200, são ocorrentes no Brasil.

Especial atenção deve ser voltada ao patauá, *Oenocarpus bataua*, espécie largamente distribuída nas bacias dos rios Amazonas e Orenoco. Dessa palmeira, podem ser utilizados os frutos oleaginosos para produção do popular vinho de patauá, encontrado, regularmente, no comércio informal da cidade de Rio Branco, Acre.

O patauá pertence à família Arecaceae e ocorre em todo o norte da América do Sul até o Panamá, com maior incidência nas matas de várzeas do estuário da região centro-oeste da ilha de Marajó, no Pará. Seu fruto é destinado à produção de óleos oléico e linoléico, com qualidades de um produto extra virgem com grande valor alimentar, nutricional e energético, muito similar ao azeite de oliva. O óleo de patauá é rico em aminoácidos e gorduras insaturadas, que reduzem o colesterol LDL, cuja alta concentração no sangue está associada a um maior risco de doenças cardíacas.

Oenocarpus planta

A produção de óleo de patauá é de baixo custo, e um cacho com 500 a 4.000 frutos chega a pesar até 19 kg e pode produzir 210 ml de óleo. Considerando que cada palmeira produza dois cachos por ano e deixando 20% dos frutos na planta, assegurando a manutenção da fauna e a dispersão dos frutos para a regeneração, a produtividade de óleo pode ser estimada entre 5 e 13 litros por hectare de palmeira. Apesar do baixo custo de produção, sendo necessária apenas uma filtragem para que o óleo esteja em condições de consumo, as colheitas difíceis e onerosas do fruto no estado silvestre, as safras irregulares que levam de 10 a 15 anos para frutificar, a extensa dispersão das palmeiras na floresta, a elevada distância entre as áreas de ocorrência e as de produção e de comercialização são fatores que não estimulam investimentos que possam sustentar uma produção desse óleo em escala industrial.

O Brasil exportou toneladas de óleo de patauá no início do século passado, e durante Segunda Guerra Mundial, com a escassez do azeite de oliva, foram exportadas 200 toneladas. A coleta dos frutos era feita com a derrubada das palmeiras, o que causou a destruição de grandes patauazais na região do Estado do Pará. As grandes populações naturais de patauá quase chegaram ao extermínio na Amazônia Oriental e, apesar do potencial produtivo dessa palmeira, pouco se sabe a respeito de uma exploração sustentável que possa torná-la alternativa de alimento e outros recursos e fonte de renda para as comunidades locais.

Erico Pereira-Silva

Sementes da *Oenocarpus*

numerosas, mas de boa qualidade. Durante o século passado elas acumularam acervos biológicos que testemunham a diversidade local. O estudo por espécies e sua classificação taxonômica foi, até agora, o produto mais expressivo gerado pelas coleções, caracterizando uma cultura de inventário nas pesquisas regionais.

A nova C/T&I coloca as coleções diante de novos desafios para desenvolver suas potencialidades: passar rapidamente da cultura de inventário para a cultura de P&D. Torna-se necessário construir uma pesquisa na escala mais detalhada dos genes, sobre as relações entre espécies e sua aplicabilidade imediata, bem como sua associação com a bioquímica. Em outras palavras, construir sinergia entre a taxonomia e o desenvolvimento tecnológico e industrial, num mundo comandado pela velocidade das inovações.

É possível afirmar que a revolução C&T vem provocando uma verdadeira transformação na cultura e nas instituições de pesquisa regionais.

2.5 Como Acelerar um Futuro já Presente?

A revolução científico-tecnológica para uso sustentável da biodiversidade desvela possibilidades de induzir um novo rumo à incógnita amazônica.

A gestão do conhecimento para fortalecimento institucional é uma primeira condição do desenvolvimento em C&T regional, mediante articulação dos projetos inovadores existentes, e articulação com as empresas em arranjos institucionais coletivos. A associação entre o Centro de Biotecnologia da Amazônia (CBA) e o Centro de Ciência, Tecnologia e Inovação do Pólo Industrial de Manaus (CT-PIM) é essencial, mas está estagnada pela dificuldade em definir a condição jurídica do CBA como Organização Social, para garantir flexibilidade administrativa. Enquanto isso, o Instituto Frauhofen (Alemanha), um dos maiores institutos de pesquisa europeus em microtecnologia, instalou-se em Manaus (fevereiro de 2007) e, certamente, desenvolverá a nanotecnologia, com o risco de tornar o CBA rapidamente obsoleto.

Definir prioridades de pesquisa e implementá-las em redes e arranjos institucionais coletivos, envolvendo todos os componentes da cadeia de conhecimento – recursos humanos, laboratórios, equipamentos – é outra condição necessária.

Universidades técnicas, profissionalizantes, constituem grande lacuna a ser preenchida na região, como condição para o desenvolvimento da C/T&I e para formar empreendedores regionais. Integrar o sistema S – Sesi, Senai, Sesc, Sebrae – como um ramo das universidades, com carreiras e diplomas definidos em função dos setores produtivos, teria grande e necessário impacto positivo na região.

A cooperação com os demais países amazônicos é essencial, demandando a extensão de novas formas de produção sugeridas para utilizar os recursos naturais sem destruí-los e internalizar os benefícios para as populações locais. Redes de pesquisa e projetos conjuntos devem ser estimulados para fortalecer e agilizar a pioneira Associação das Universidades Amazônicas (Unamaz).

No que tange a novas formas de produção, uma proposta é a construção de cadeias produtivas para uso da biodiversidade, capazes de envolver desde as populações que habitam o âmago da floresta até os centros de pesquisa e as indústrias, implicando agregação de valor a cada etapa, seja em fitofármacos, nutracêutica ou dermocosmética; seja para aproveitamento do pescado – imenso potencial ainda não devidamente valorizado –, para frutas ou para a energia, que crescentemente avança por todo o território brasileiro.

Uma cadeia produtiva é um processo conectado de produção, distribuição e con-

Phytelephas macrocarpa R. e *Phytelephas microcarpa* R & Pav., os "marfins-verdes" da floresta amazônica

A palmeira, conhecida como jarina, corresponde a duas espécies na Amazônia, cada uma com seus respectivos nomes científicos, *Phytelephas macrocarpa* e *Phytelephas microcarpa*. Ambas são de pequeno porte, com crescimento lento, razão pela qual podem ser encontrados indivíduos com mais de cem anos de idade. Produzem flores que exalam um forte aroma, seus estipes são grossos e com muitas raízes adventícias junto ao chão. Podem ser encontradas no sudoeste do Estado do Amazonas e nos vales dos rios Purus, Acre, Antimari, Iaco, Caeté, Maracanã e Gregório.

Phytelephas planta

Essas palmeiras têm múltiplos usos pelas populações locais na produção de fibras destinadas ao fabrico de cordas, cobertura de casas com suas folhas, devido a sua palha resistente, uso da polpa não amadurecida como alimento, uso dos frutos, quando secos, para o fabrico de carvão, sendo aplicado nos interiores de panelas de barro para lubrificá-los, um precursor do teflon. Quando a semente é ainda verde, internamente existe um líquido claro e nutritivo (endosperma da semente) que é consumido como bebida. Quando o fruto amadurece, esse endosperma torna-se gelatinoso com sabor semelhante ao do coco. Apesar do nome jarina, outros nomes populares são atribuídos a essas duas palmeiras, como taguá e marfim vegetal, este último pelo fato dos frutos espinhosos, quando amadurecidos, liberarem sementes duras, brancas e opacas como o marfim, utilizadas na fabricação de peças de joalheria, teclas de piano e botões.

A semente da jarina é considerada uma gema orgânica rara, de textura dura e pesada (35 g, em média), coloração cremosa e fácil de trabalhar, pelo fato de não ser quebradiça como o marfim animal. A coleta das sementes ocorre em grande quantidade entre os meses de maio e agosto e, nos últimos anos, tem sido a alternativa ao marfim verdadeiro, em vista dos riscos de extinção de animais como os elefantes.

A semente dessas palmeiras gera agregação de valor a produtos como pulseiras, relógios, brincos, braceletes e colares e, além disso, faz alusão comercial ao fato de que jóias que carregam uma semente da Amazônia trazem consigo uma parte da maior floresta tropical do mundo. Isso poderia até ser um argumento ambientalmente significativo, porém, apesar da jarina poder se tornar uma fonte de desenvolvimento da região amazônica, despertando interesse de empresas do "mercado verde" e criando oportunidades de emprego, esse aumento na procura por suas sementes deve ser controlado, buscando sua conservação, evitando a exploração desenfreada das espécies e sua erosão genética, assim como ocorreu e, ainda ocorre, com muitas espécies nativas potencialmente comerciais da região. Deve-se, também, dar atenção ao surgimento de uma oportunidade sustentável de exploração de espécies com potencial de uso de recursos como mais uma das alternativas ao desmatamento e como forma de se evitar perda de biodiversidade na floresta amazônica.

Sementes da *Phytelephas*

Erico Pereira-Silva

sumo, cujo resultado final é um produto. Constitui-se de conjuntos de redes interorganizacionais e cada segmento específico da cadeia pode ser representado por nós articulados em rede, que não estão restritos ao território nacional, atuando em âmbito global.

Mas, sendo moldada pelas relações sociais e localmente integrada, a cadeia revela, em seus segmentos, as desigualdades espaciais em termos de acesso diferenciado a mercados e recursos, de agregação de valor e, portanto, de riqueza, concentrada esta nos centros desenvolvidos, onde o produto é finalizado, enquanto retiram das periferias matérias-primas e trabalhos a baixo custo, como tem sido a história do Brasil e dos outros países latino-americanos.

Daí a importância de organizar cadeias produtivas completas envolvendo os segmentos de produção, distribuição até o consumo final, revertendo a lógica baseada exclusivamente na exportação. Na Amazônia florestal, o melhor exemplo de cadeia produtiva completa é a baseada em produtos da biodiversidade, desde o âmago da floresta até os centros de biotecnologia e/ou as empresas localizadas nos centros urbanos, e agregando valor em cada segmento. Especial atenção merecem os componentes sociais da cadeia, nos dois extremos: de um lado, a organização das populações isoladas, para impedir sua exploração, e, de outro, a proteção das pequenas e médias empresas quanto à propriedade intelectual. Da mesma forma os mediadores: o mateiro – que descobre as plantas e animais –, os extensionistas educadores trabalhando com as populações coletoras, as incubadoras, e as agências que realizam a passagem da incubadora para as empresas, a exemplo do Sebrae e do próprio CBA.

Vale registrar que a revolução na C/T&I há necessariamente que envolver o quadro institucional, responsável pela definição clara das regras do jogo e pelo cumprimento da lei. Um exemplo de mudança institucional necessária diz respeito aos modelos de reforma agrária vigentes, os assentamentos do Instituto Nacional de Colonização e Reforma Agrária (Incra), de vários tipos. Jogados os produtores no meio da floresta, com direito a usar apenas 20 ha dos 100 correspondentes a cada lote, sem acesso a técnicas, estradas e mercados, não conseguem eles sobreviver, vendendo ou abandonando suas posses e migrando para novos rincões ou para as cidades. Escala mínima de produção e acessibilidade justificam pensar em criar fazendas solidárias que, agrupando 50 a 100 produtores, possam ter uma área produtiva com escala capaz de gerar excedentes para exportação, assegurando-lhes melhores condições de vida.

Estes são alguns dos desafios a enfrentar para romper a incógnita amazônica e lhe assegurar um futuro melhor. Desafios que estão à espera de uma vontade política do governo e da sociedade, e de juventude consciente e ativa para superá-los. É na reflexão e no planejamento, ações humanas, que reside o maior desafio para o futuro, revelando o imperativo de integrar sociedade e natureza e superar falsas dicotomias.

Água, o Ouro Azul do Século XXI   3

A água é um elemento essencial para toda forma de vida conhecida. Basta lembrar que o homem tem 63% do seu peso constituído de água. Ela é a base de qualquer ecossistema e, ao mesmo tempo, um recurso econômico com múltiplos usos: indústria, agricultura, transporte, produção de energia, turismo etc. Existem poucas realizações humanas, seja na esfera da produção ou do consumo, que não demandam água. A água natural constitui, assim, matéria-prima, produto de consumo e fator de produção em todos os setores da economia. Além de ter um caráter específico: ser renovável.

Não por acaso, as mais avançadas civilizações mundiais se desenvolveram ao longo de grandes rios: o Egito antigo, ao longo do rio Nilo, a Mesopotâmia, entre os rios Tigre e Eufrates; a China antiga, no rio Amarelo. Esses rios foram pilares centrais dessas civilizações, possibilitando seu crescimento demográfico, desenvolvimento da agricultura e do transporte. Na Roma antiga, foi o sofisticado sistema de aquedutos que permitiu a grandiosidade da cidade.

Apesar de ser um bem essencial, só recentemente existe uma preocupação quanto à disponibilidade de água doce no mundo. Há uma crise anunciada de escassez. Alguns autores apontam para uma verdadeira catástrofe mundial eminente, a ponto de lhe ser atribuído um valor estratégico similar ao do petróleo no século XX e a denominação de "ouro azul", conformando uma verdadeira hidropolítica no cenário mundial. De fato, há uma carência de água em regiões como o Oriente Médio, norte da África, norte da China, Califórnia e sul da Europa.

Entretanto, a questão da água é muito mais complexa. O cerne da questão reside no fato de ela ser ao mesmo tempo um bem público e um bem econômico. Ela é essencial para a saúde, para a vida humana e para os ecossistemas terrestres, sendo insubstituível. Possui valores estéticos e culturais e a sua oferta está diretamente associada à qualidade de vida. Ao mesmo tempo, a água é indispensável para os processos produtivos. Hoje, no contexto da globalização, existe uma tendência crescente para transformação da água em mercadoria. No entanto, a água não é um bem econômico similar aos demais; tem uma combinação de características que a torna diferenciada, não podendo

Rio Nilo
A sua bacia hidrográfica ocupa uma área de 3.349.000 km² abrangendo o Uganda, Tanzânia, Ruanda, Quênia, República Democrática do Congo, Burundi, Sudão, Etiópia e Egito. A partir da sua fonte mais remota, no Burundi, o Nilo apresenta um comprimento de 6650 km.

Rio Nilo

ser tratada como uma mercadoria banal, como se verá adiante.

A água é essencialmente um fluxo organizado num ciclo de evaporação, precipitação e escoamento/infiltração que não respeita limites político-administrativos, o que torna a sua gestão complexa técnica e politicamente.

Ademais, a água doce é extremamente mal distribuída no mundo. Nesse contexto, a Amazônia sul-americana e o Brasil, que detêm a maior parte da grande bacia hidrográfica, ganham destaque no cenário global, o que representa uma grande vantagem competitiva potencial. Vantagem, contudo, que é restringida por duas características: i) problemas de acesso à água potável e ao saneamento básico, o que compromete a saúde e o bem-estar das pessoas; ii) o enorme comércio invisível da água contida na exportação das *commodities*, sem que a ela seja atribuído valor, processo que na literatura atual é denominado "água virtual".

Tais contradições configuram a complexa questão da água como hidrossocial. É também uma questão geopolítica, não apenas pelos discursos de possíveis guerras para disputa direta desse recurso, mas também pelas transferências internacionais por meio da água virtual.

O desequilíbrio na distribuição da água no mundo é, em parte, atenuado pelo comércio internacional das *commodities* agrícolas, que contêm enormes quantidades de água virtual. A Amazônia já exporta muita água virtual em produtos como a soja, a carne e a madeira. Nesse sentido, está em curso uma nova divisão internacional do trabalho, baseada na abundância ou escassez de água em cada país, na qual a produção de mercadorias hidrointensivas fica a cargo das regiões com maior disponibilidade relativa de água. Entretanto, esse processo pode ter severas implicações socioambientais, especialmente nos países detentores de grande disponibilidade hídrica, como o Brasil. É necessário que o país mantenha a sua segurança hídrica, isto é, garanta a quantidade de água necessária para o atendimento das necessidades de sua sociedade (Carmo *et. al.*, 2005).

Água virtual

Em uma dieta com uso de carne, uma pessoa consome cerca de 4.000 litros de água virtual por dia e na vegetariana em torno de 1.500 litros.

Café da manhã, como mostrado na foto, chega a consumir 800 litros de água virtual

Fonte: Sabesp/SP <http://sabesp.com.br/CalandraWeb/CalandraRedirect?temp=4&proj=sabesp&pub=T&db=&docid=01DA58C98B0A62D7832571CA0046F76C>.
Acesso em: 7 fev. 2008.

Para o Brasil, as características especiais da água e as contradições entre sua apropriação como um bem econômico e um bem público transformam-se em um grande desafio de gestão, no sentido de transformar o enorme potencial hídrico em uma semente do futuro, capaz de garantir, como bem público, a segurança hídrica e, como bem econômico, a inserção competitiva global com autonomia.

3.1 A Vantagem Competitiva Potencial de Água da Amazônia

Sabemos que a água é um dos elementos mais abundantes na Terra e que a água doce representa uma pequena fração desse montante. Os oceanos contêm 97,5% de toda a água (Tab. 3.1) e cobrem 71% da

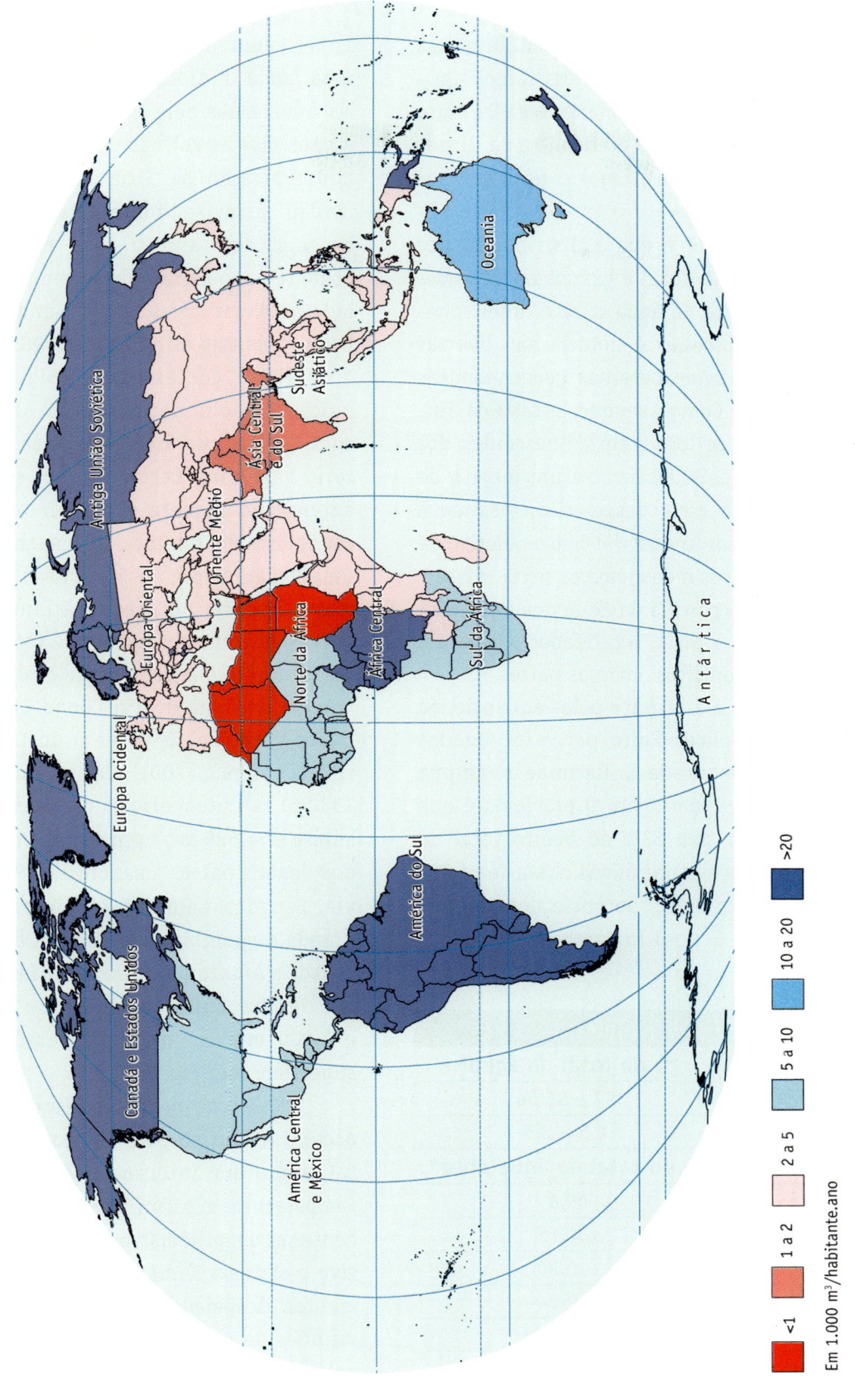

Fig. 3.1 Disponibilidade potencial de água doce no mundo – 1995
Fonte: <http://webworld.unesco.org/water/ihp/db/shiklomanov/part'2/FI_13/FI_13.html>. Acesso em: 7 fev. 2008.

superfície do planeta. Apenas 2,5% do total da massa líquida é composta por água doce – dois terços aprisionados nas geleiras e neves permanentes. De fato, somente 0,01% da água do planeta encontra-se disponível para uso humano, em rios, lagos e reservatórios subterrâneos.

Outro fato importante é que a distribuição dos recursos hídricos na escala global é extremamente irregular (Fig. 3.1). A carência de água para o desenvolvimento das atividades humanas é notória em diversas partes do mundo, produzindo batalhas geoeconômicas pela disputa do recurso. Como exemplo, o caso da Turquia, em cujo território se localizam as nascentes dos rios Tigre e Eufrates. O país desenvolve um projeto de agricultura irrigada, com água desses rios, visando à exportação da produção agroindustrial com o objetivo de resolver problemas políticos e econômicos no Curdistão. Como conseqüência, uma parcela da água dos rios deixa de fluir para o Iraque e a Síria, localizados a jusante, aumentando o risco de conflitos entre os países.

Um outro exemplo é a disputa pelas águas do rio Nilo entre o Sudão, a Etiópia e o Egito, países localizados predominantemente numa zona árida onde nenhuma agricultura seria possível sem o rio. O problema é que a Etiópia, que contribui com 83% do débito total do Nilo, tem seus direitos de efetuar novas obras de captação de água negados pelo Egito, potência demográfica e econômica da região. É notório também o caso de Israel, que tem como constante a busca de uma zona hidrologicamente estratégica. Na Guerra dos Seis Dias, em 1967, passou a controlar as colinas de Golan (antes sob administração da Síria) e o vale do rio Jordão, principal fonte de água do país. Nesse mesmo ano, a água foi declarada como recurso estratégico e seu uso controlado pelos militares, beneficiando os colonos israelenses (Sironneau, 1998).

Nesse contexto de desigual distribuição da água doce, a bacia Amazônica, com 64% de sua área localizada em território brasileiro, destaca-se por ser a mais extensa do planeta e possuir o rio mais caudaloso do mundo. O Amazonas, com uma vazão média de 209.000 m^3/s (MMA, 2006), despeja no oceano Atlântico cerca de 1/5 do volume conjunto de todos os rios do mundo, o que representa cinco vezes o volume de água do rio Congo (a segunda maior vazão) e 12 vezes o do rio Mississipi (Lourenço, 2001). Dessa vazão total, 133.861 m^3/s tem origem no território brasileiro e 71.527 m^3/s provêm dos territórios dos demais países amazônicos (Peru, Bolívia, Equador, Colômbia e Venezuela). Essa grande disponibilidade de água decorre do fato de o Amazonas drenar uma imensa área que recebe muita chuva, entre 2.000 mm e 3.000 mm em mais da metade de sua superfície (ver Fig. 5.4).

O volume de água descarregado no oceano Atlântico pelo rio Amazonas é de tal monta que interfere nas condições de temperatura e salinidade do oceano por centenas de quilômetros, o que afeta inclusive o sistema climático regional. Os sedimentos despejados pelo grande rio (800 milhões de toneladas/ano) são facilmente perceptíveis por imagens de satélite por

Tab. 3.1 Distribuição de água na Terra

Natureza do estoque	% do total da água*
Água Salgada	97 – 96,54
Água Doce	2,5 – 3,5
Estoques de água doce	**% do total da água doce***
Geleiras e Neves	69,6
Águas Subterrâneas	30,15
Lagos e Pântanos	0,29
Água Atmosférica	0,04
Rios	0,006

* As cifram variam e os totais nem sempre são exatos.
Fonte: Fritsch, 1998.

extenso trecho (Fig. 3.2), configurando, no entorno de sua foz, um ecossistema diferenciado. Estudos indicam que existe uma associação entre essas alterações de temperatura, salinidade e densidade da água do oceano provocadas pelo rio Amazonas (secundariamente pelo Orenoco) e a ocorrência de grandes furacões no mar do Caribe (FFIELD, 2007).

A bacia Amazônica, evidentemente, também é muito importante para o Brasil em termos hídricos: ela abarca 68% do total da vazão de todos os rios brasileiros. Mesmo que o Brasil seja rico em água em praticamente todo o seu território, um morador da Amazônia tem 80 vezes mais água disponível do que um morador da bacia do rio Paraná, grande concentradora de população no Brasil. Em relação ao Nordeste Oriental, esse número salta para 465 vezes (Fig. 3.3).

Além dessa enorme quantidade de águas superficiais, a Amazônia é também muito rica em águas subterrâneas, importante fonte para consumo humano e agricultura. A vazão renovável dessas reservas no Brasil atinge 42 mil m^3/s – 24% do escoamento médio dos rios em território nacional. Considerando-se que é possível aproveitar de maneira sustentável 20% dessa vazão, têm-se 8.400 m^3/s como disponibilidade hídrica a partir de águas subterrâneas (Agência Nacional de Águas, 2007). A Amazônia possui o maior **aqüífero** do Brasil em termos de vazão renovável, que é o Solimões, localizado no Acre e oeste do Amazonas. Dele é possível extrair, de modo sustentável, 896 m^3/s,

Fig. 3.2 Descarga de sedimentos na foz do rio Amazonas
Fonte: <http://visibleearth.nasa.gov/view_rec.php?id=1605>.
Acesso em: 7 fev. 2000.

Os aqüíferos são formados por rochas cuja permeabilidade permite a retenção de água, dando origem a águas freáticas. A camada aqüífera nos poços artesianos se encontra intercalada entre dois terrenos impermeáveis (Guerra, 1993).

quantidade de água 14 vezes maior do que a necessária para atender a toda a Região Metropolitana de São Paulo, com seus 19 milhões de habitantes. Ainda na bacia Amazônica, destacam-se, entre os maiores do Brasil, os sistemas aqüíferos de Parecis (MT), com vazão de 465 m^3/s, e Alter do Chão (PA, AM), de onde é possível extrair, de maneira sustentável, 249 m^3/s de água.

Toda essa disponibilidade de água, diante de uma crise anunciada de escassez,

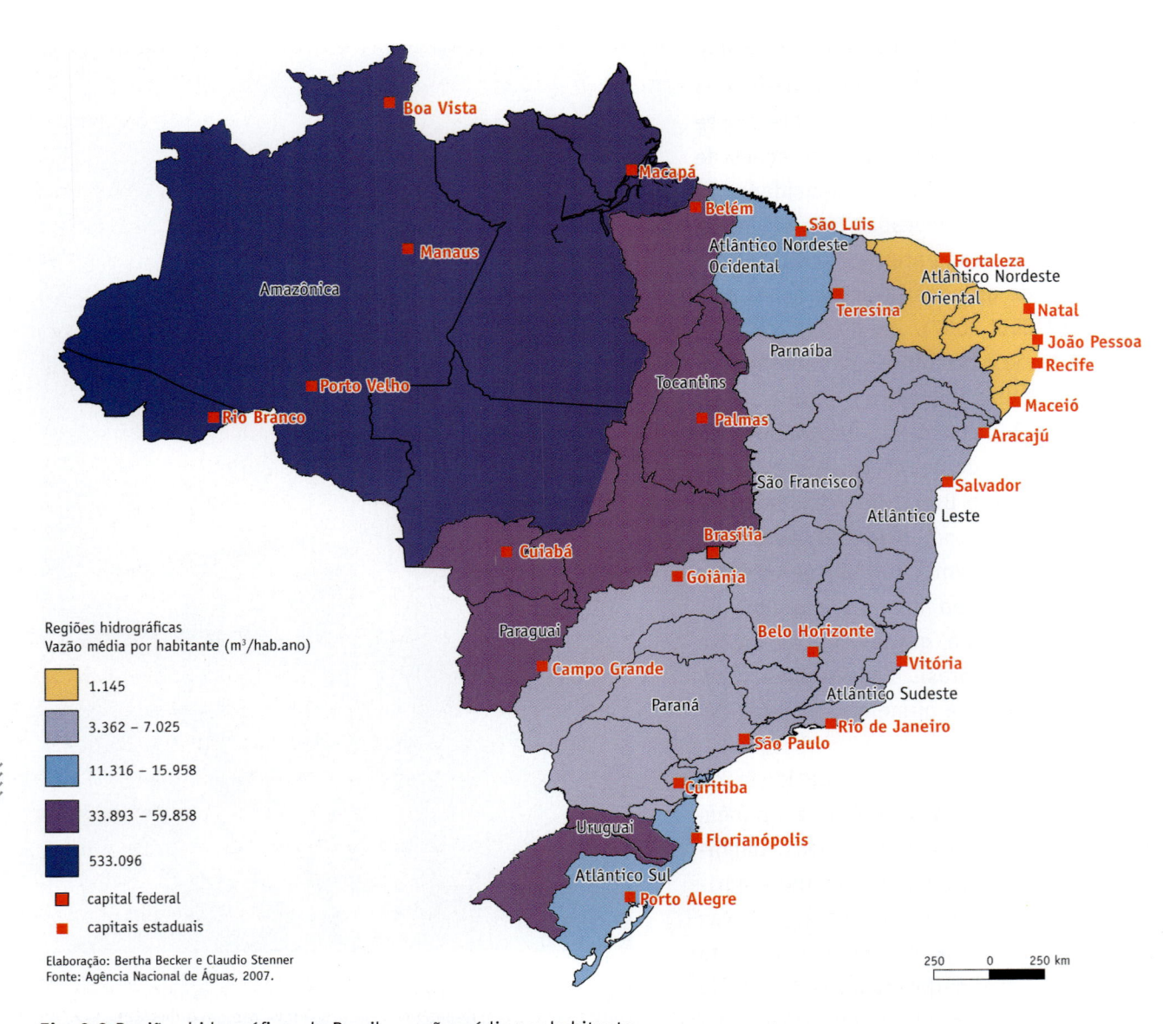

Fig. 3.3 Regiões hidrográficas do Brasil – vazão média por habitante

confere à Amazônia uma posição econômica e política estratégica no contexto mundial. Essa escassez, entretanto, deve ser relativizada, pois:

* a má gestão na conservação dos recursos hídricos pode reduzir significativamente a disponibilidade de água potável, por assoreamento dos rios, redução da infiltração no solo e por contaminação com esgoto doméstico, agrotóxicos, resíduos industriais etc.;
* as práticas de uso da água não otimizam seu consumo, tratando-a como um recurso barato e infinito. Assim, é possível reduzir muito a demanda por água sem comprometer o bem-estar social e econômico;
* a carência de água potável para abastecimento humano se dá muito mais por restrições econômicas, sociais e políticas do que por escassez física de água. O problema da acessibilidade à água potável tem graves conseqüências, refletindo diretamente na saúde humana;

✱ a água é um recurso, como visto, extremamente mal distribuído no planeta. De fato, existe uma escassez de água doce em áreas como o Oriente Médio e o norte da África, mas, por outro lado, existe uma grande abundância em regiões como o Canadá e a América do Sul, especialmente na Amazônia.

Nesse sentido, uma importante contribuição do método geográfico é mostrar que cada fenômeno tem uma escala de análise adequada. Assim, a visão global (no caso, a crise da água) não pode obscurecer as especificidades regionais e locais. É o caso da Amazônia na geopolítica da água. A região se distancia bastante dos indicadores "catastróficos" de escassez de água e não deve ser submetida a essa agenda global. Ao contrário, deve tirar proveito da riqueza que possui, usando a água como base para trazer vantagens econômicas para a região, garantindo a segurança hídrica da população, como será mostrado adiante.

3.2 Água na Amazônia: bem Público e Econômico?

Na Amazônia, a água sempre desempenhou um papel central como um bem público. Além de suporte ao ecossistema, ela está diretamente associada ao modo de vida do ribeirinho. A importância da água está ligada à formação territorial da região. O rio Amazonas foi a grande via de penetração que permitiu aos espanhóis e portugueses a incursão pelo interior da grande floresta. A ampla rede de rios navegáveis orientou a ocupação da região até meados do século XX. Manaus e Belém estão estrategicamente localizadas, a primeira na confluência dos rios Solimões e Negro, localização privilegiada para o controle do território de toda a vastidão central da hiléia. Já Belém foi fundada na embocadura do rio Amazonas, localização estratégica para o controle das trocas da Amazônia com o resto do país e do mundo.

De função estratégica na logística de ocupação do território, a água assumiu também o papel de insumo básico para a expansão agropecuária e, ao mesmo tempo, a crescente população das cidades continua enfrentando restrições de acesso à água potável.

Analisaremos adiante as implicações desse complexo caráter da água.

3.2.1 A Água é Especial

A expressão mais evidente da valorização da natureza como capital natural é o processo de sua mercantilização (Becker, 2001). Em outras palavras, a preocupação com a vida no planeta vem sendo disputada crescentemente pela preocupação econômica. Trata-se da associação da geopolítica com a economia, num processo de mercantilização de novos elementos da natureza em curso de serem transformados em mercadorias fictícias – fictícias porque não foram produzidas para venda no mercado –, mas que geram mercados reais. A água é, cada vez mais, uma dessas mercadorias fictícias.

Mas ela não pode ser considerada uma mercadoria banal. As abordagens estritamente mercadológicas defendem que, se existe demanda para água, os operadores de mercado vão garantir o seu suprimento. Por esse pensamento, o mercado vai garantir que a água, um bem escasso, vai ser alocada da melhor maneira possível (SAVENIJE, 2002).

Essas regras de mercado não podem ser aplicadas à água. Primeiro porque a água é, acima de tudo, um bem público. A segurança hídrica da população deve estar acima de eventuais usos econômicos conflitantes. Segundo, várias características a tornam diferenciada em relação a qualquer outro bem econômico, como será vista a seguir.

Como já dito, a água é, essencialmente, um fluxo. Mesmo os seus estoques em lagos e aqüíferos necessitam ser reabastecidos por fluxos para que sua exploração seja sustentável. Caso a retirada de água desses estoques seja maior do que a capacidade de recarga, o resultado será a exaustão das reservas. E não são poucos os exemplos no mundo com graves conseqüências socioeconômicas e ambientais. Um dos exemplos mais significativos de exaustão de manancial é o mar de Aral, localizado entre o Casaquistão e o Usbequistão. A partir da década de 1960, 85% do volume de água doce que nele chegava foram desviados para irrigação. O resultado foi uma queda de mais de 16 metros no nível da água e um conseqüente aumento na concentração de sais, exterminando a maior parte das espécies aquáticas que ali habitavam.

Os fluxos de água estão organizados em sistemas: uma interferência a montante (retirada de água, contaminação) tem implicações para populações e ecossistemas a jusante. Por fazer parte de um sistema integrado, que ultrapassa os limites políticos de municípios, estados e países, o resultado é que diferentes autoridades são responsáveis pelo suprimento das demandas, com interesses e escalas de atuação diversos, o que resulta num complexo fator político para sua gestão.

Uma outra especificidade da água é ser muito volumosa. Em outras palavras, é necessária muita água para a maior parte das aplicações, especialmente agrícolas e industriais. Ademais, não existe maneira de condensá-la para o transporte, estratégia comum adotada com outros produtos (leite em pó, concentrados de suco etc.). A conseqüência disso – pelo menos até o presente momento – é que a água pode ser usada somente quando e onde ela estiver disponível. Não é possível negociá-la livremente. É inviável o transporte de água por grandes distâncias, por exemplo, deslocar água da Amazônia para irrigação de trigo no Oriente Médio. Tal operação logística envolveria enormes custos econômicos e gastos de energia. Por isso, o grande comércio mundial de água é indireto e ocorre por meio da água virtual contida nos produtos. Uma exceção é o comércio de água engarrafada, que tem adquirido um significado econômico importante, mas é quase desprezível em termos de volume de água comercializado quando comparado com o uso total de água pela humanidade.

Além disso, as características da demanda de água variam muito em termos de qualidade, rentabilidade e quantidade envolvidas. O uso agrícola necessita de enormes quantidades de água, produzindo um baixo valor agregado por litro de água consumido. Já uma empresa do setor de comércio ou serviços produz um alto valor agregado por litro de água consumido. Entre os usuários domésticos, alguns podem pagar pela água e uma grande massa não pode ou somente pode pagar valores muito baixos.

Como a água é também um bem público, presta outros serviços que não podem ser monetarizados, como possibilitar a existência dos ecossistemas e a manutenção da vida humana, ter um forte significado cultural e estar associada à qualidade de vida e percepção de bem-estar. Na Amazônia, a população residente ao longo dos cursos d'água se adaptou às especificidades das várzeas amazônicas e seus ciclos de cheia e vazante. Os ribeirinhos desenvolveram um conjunto de técnicas e hábitos associados às características daquele ambiente, incluindo a maneira como trabalham, moram, se deslocam, como se relacionam entre si e organizam seu tempo. Essa população tradicional, que vive dispersa ao longo das vias fluviais, tem seu gênero de vida completamente associado às águas, utilizando os rios como fonte de alimentação, transporte, lazer e fertilização dos solos, entre outros usos.

Para as populações tradicionais amazônicas, as águas têm um papel de destaque como elemento cultural.

Ora, a água, esta substância de interações ambientais e políticas tão complexas, de caráter insubstituível, de difícil transporte e uso tão diverso não pode ser uma mercadoria banal. Porém, de fato, ela já é vendida indiretamente, pois todas as mercadorias a utilizam como insumo para sua produção. Mas é necessário que a água seja tratada de uma maneira diferenciada.

Na Amazônia, a questão da água é peculiar e se reflete em um paradoxo: a grande abundância de água contrasta com a inacessibilidade social do recurso: a carência de água potável para boa parte da população regional. De acordo com os dados da Pesquisa Nacional por Amostra de Domicílios de 2006 (IBGE), apenas 56,1% (83,2% no Brasil) dos domicílios da Região Norte estão ligados à rede geral de água, e somente 4,9% (48,5% no Brasil) à rede coletora de esgoto.

É nas cidades, especialmente as maiores, que o problema do abastecimento de água e destino dos esgotos se torna mais agudo. Vale lembrar que a Amazônia é uma floresta urbanizada: 70% da população vivem nas cidades. O Censo Demográfico 2000 mostrou que apenas 67% da população recebem água por meio de rede geral pública, forma mais adequada para o abastecimento nas concentrações urbanas. A mesma pesquisa indicou que apenas 14% da população urbana tinham o esgoto coletado por rede geral (Tab. 3.2). Isso significa que, para quase 12 milhões de moradores das cidades, não havia uma coleta adequada para o esgoto. Ainda, do esgoto coletado, somente uma pequena fração é tratada. A Pesquisa Nacional de Saneamento Básico - 2000 (IBGE) identificou na Amazônia só 29 municípios, de 760, com algum sistema de tratamento de esgoto. Isso implica que há um enorme risco de degradação dos recursos hídricos, trazendo sérios riscos em termos de saúde pública. Doenças como cólera, diarréia e hepatite podem ser transmitidas pela água contaminada, aumentando significativamente o índice de mortalidade, principalmente entre as crianças. Esses problemas são mais graves nas grandes cidades da região, pois a concentração de população faz com que o esgoto seja menos diluído na água dos rios e igarapés, transformados, algumas vezes, em verdadeiras valas negras.

Mas não apenas nas cidades existem problemas de saneamento. Na vazante dos rios, muitos mananciais superficiais secam ou ficam com a qualidade da água

Fig. 3.4 Manacapuru, margens do rio Solimões

Tab. 3.2 Coleta de esgoto domiciliar por rede geral – 2000. Amazônia Legal – Cidades mais populosas

Municípios	População urbana	% da população com coleta de esgoto por rede geral
Manaus - AM	1.389.286	32,42
Belém - PA	1.268.230	24,73
São Luís - MA	834.566	42,12
Cuiabá - MT	473.112	52,45
Ananindeua - PA (R. M. de Belém)	391.041	6,79
Porto Velho - RO	272.557	9,89
Macapá - AP	268.898	8,25
Rio Branco - AC	225.586	40,21
Imperatriz - MA	217.839	25,09
Várzea Grande - MT (Aglomerado Cuiabá)	209.080	10,96
Boa Vista - RR	196.267	14,80
Santarém - PA	185.330	0,62
Rondonópolis - MT	139.515	27,44
Marabá - PA	133.971	1,20
Palmas - TO	132.263	17,54
Castanhal - PA	120.627	3,53
Total Amazônia Legal	13.611.917	14,00

Fonte: IBGE, Censo Demográfico 2000.
Nota: Foi considerada adequada somente a coleta de esgoto por rede geral. A fossa séptica, embora possa ser uma boa solução para áreas pouco densas, tende a não ser adequada para áreas densamente ocupadas. Na Amazônia, 28% da população urbana têm o esgoto coletado em fossas sépticas

comprometida, inviabilizando o consumo humano. Nesse período, a população ribeirinha pode ficar sem água para consumo. Estudos de Azevedo (2006) apontam que uma solução para o abastecimento humano dessas populações dispersas é o aproveitamento dos mananciais subterrâneos por meio de poços tubulares profundos, de onde é possível extrair água farta e de qualidade. Entretanto, o mesmo autor aponta que é necessário aumentar as pesquisas para a exploração desse recurso na Amazônia, de modo a garantir um abastecimento de qualidade para as populações regionais.

3.2.2 Amazônia como Grande Exportadora de Água?

Sabemos que a Amazônia concentra uma enorme quantidade de água doce. Mas qual é o significado político e econômico desse recurso?

O comércio internacional de água doce existe no mundo, mas em pequena escala, geralmente para o atendimento de pequenas nações insulares da Oceania e do Caribe. A Turquia, potência hidrológica do Oriente Médio, vende água para a ilha de Chipre. Esse mesmo país assinou, em 2004, um grande acordo com Israel para o fornecimento de 50 milhões de metros cúbicos anuais por um período de 20 anos. O acordo envolvia a troca da água turca por armas israelenses. O governo da Turquia investiu na construção de uma estação de tratamento próximo à foz do rio Manavgat, no mar Mediterrâneo, de onde a água seria captada e embarcada para Israel em navios-tanque de grande porte.

Entretanto, depois de tentar equacionar financeiramente o negócio, o acordo foi desfeito em 2006, pois os custos do transporte da água em navios-tanque se mostraram inviáveis.

Esse exemplo ilustra bem o valor que a água pode ter no mercado internacional, mas também ilustra as dificuldades operacionais de seu comércio. Entretanto, novas tecnologias estão em desenvolvimento e devem facilitar tecnicamente o transporte da água. É o caso do uso de bolsas gigantes feitas de poliuretano flexível e que flutuam no oceano quando cheias de água doce (a água doce flutua no mar porque é menos densa e, portanto, mais leve do que a água salgada). Esse sistema já é usado para abastecer diversas ilhas gregas. Nesse caso, as distâncias percorridas são pequenas, mas planos mais ambiciosos estão em desenvolvimento, com a construção de bolsas maiores e com a possibilidade de engate de até 50 delas, como se fosse um trem, permitindo o transporte de água com menores gastos energéticos (Governo de Newfoundland e Labrador, 2001). Apesar de hoje ser inviável, é possível que no futuro se desenvolva um mercado global de água. Entretanto, outras tecnologias também avançam, como o processo de dessalinização, as quais podem tornar obsoleto esse mercado antes mesmo que ele se desenvolva.

Mas existe outra forma de comércio de água. A agricultura consome 70% da água doce do mundo e os produtos agrícolas são negociados globalmente. Não é possível entender o uso e o comércio de água sem avaliar o trânsito internacional de alimentos e outros produtos relacionados a atividades agrícolas, como os têxteis (Hoekstra, 2003). Ou seja, apesar de o comércio mundial de água doce ser pouco significativo, o comércio indireto de água é bastante intenso. O Instituto para Educação da Água, ligado à Unesco, calcula que 1.040 km^3/ano de água foram necessários para a produção dos itens comercializados no mercado internacional entre 1995 e 1999. Essa água contida nos produtos, não de fato, mas que foi utilizada na produção dos mesmos, pode ser chamada de "água virtual" (Hoekstra, 2003), como já referido anteriormente.

A Tab. 3.3 apresenta estimativas da água virtual contida em alguns produtos selecionados. Ela mostra que a carne, especialmente a bovina, contém grande quantidade de água virtual. Entre os produtos de lavoura apresentados, a soja é a maior consumidora de água. Justamente esses dois produtos tiveram um enorme crescimento da produção na Amazônia.

Fig. 3.5 Plantação de soja na Amazônia

O rebanho bovino na região cresceu, entre 1990 e 2005, de 26 para 74 milhões de cabeças. No mesmo período, a produção de soja aumentou de cerca de 3 milhões de toneladas para 19,5 milhões. A maior parte dessa produção tem como destino o mercado externo ou do Centro-Sul brasileiro. Isso significa uma exportação de uma enorme quantidade de água virtual. A Tab. 3.4 mostra o significativo avanço do Brasil na exportação de água virtual por meio desses dois produtos, e a maior

Tab. 3.3 Água virtual contida em produtos selecionados

Produtos	Consumo de água (litros de água por kg do produto)
Lavoura	
Soja	2.000
Arroz	1.600
Trigo	900
Milho	650
Batata	630
Pecuária	
Bife bovino	43.000
Carne Suína	6.000
Carne de Frango	3.500

Fonte: Adaptado de CARMO *et al.*, 2005.

parte desse aumento vem da Amazônia. O mesmo raciocínio vale para outros produtos intensivos em água, como madeira e os biocombustíveis, este último com uma grande expectativa de crescimento na produção.

A idéia de água virtual permite calcular se um país ou região é importador ou exportador líquido de água. Países como Estados Unidos, Canadá, Austrália, Argentina e Brasil são grandes exportadores líquidos de água virtual. Do lado oposto, Japão, Egito, Alemanha e China são importadores. Na China, devido ao rápido crescimento econômico, existe uma pressão

Tab. 3.4 Exportação de água virtual pelo Brasil (10^9 m³)

Produto/Ano	1997	1998	1999	2000	2001	2002	2003	2004	Total 1997-2004
Carne	7,6	8,9	10,3	11,5	17,1	14,7	19,2	28,6	117,9
Soja	18,7	20,8	20,0	25,8	35,2	35,8	44,6	43,2	244,2
Total	26,3	29,7	30,3	37,3	52,3	50,5	63,8	71,8	362,1

Fonte: CARMO *et al.*, 2005.

crescente sobre os recursos hídricos, o que pode levar a uma redução da produção agrícola intensiva em água, de modo a priorizar o abastecimento humano e industrial. Isto porque a exploração de água doce no país tem sido além do nível de reposição natural das águas superficiais e subterrâneas, não sendo sustentável no longo prazo. Uma forma de o país compensar essa escassez é importar mais água virtual, fato que já ocorre, por exemplo, pela crescente compra chinesa de soja brasileira.

O comércio de água virtual pode contribuir para a mitigação de escassez de água no mundo, redistribuindo, de uma maneira indireta, os recursos hídricos (Fig. 3.6), o que reforça o valor político e estratégico das regiões ricas em água doce, como a Amazônia. Os produtos hidrointensivos, com o agravamento da escassez de água em certas regiões, tendem a ser produzidos nas áreas ricas em água. A história da Amazônia mostra um processo semelhante em relação à produção eletrointensiva, no caso, a instalação de grandes unidades industriais da cadeia do alumínio, comentadas no Cap. 4. Aliás, mesmo essa produção eletrointensiva é, de certo modo, hidrointensiva, pois depende da energia hidroelétrica gerada pela usina de Tucuruí.

O aumento em curso da demanda global por produtos intensivos em água, como a carne e a soja, representa uma pressão extra sobre as grandes reservas d'águas, como ilustrado pelo enorme crescimento do rebanho bovino e da produção de soja na Amazônia. Este movimento embute riscos e oportunidades sócio-ambientais. O grande desafio é como gerir o enorme patrimônio hídrico da Amazônia, mantendo a qualidade e a quantidade do recurso e usando-o em prol do desenvolvimento sócio-econômico. A água precisa e deve ser preservada, mas deve ser também um canal estratégico para o desenvolvimento regional. Neste sentido, um elemento chave é o adensamento das cadeias produtivas intensivas em água. Quanto mais processos de agregação de valor um produto primário intensivo em água for submetido antes de exportado, maior a possibilidade de internalização dos ganhos na sociedade local. Entretanto, este processo não pode significar mais desmatamento, – pois isto ameaça inclusive o suprimento de água – e deve estar em sintonia com as necessidades sociais. É preciso reconhecer as potenciais ameaças aos recursos hídricos e se antecipar a crise, como será visto no próximo item.

3.3 Conciliando a Segurança Hídrica com a Inserção Competitiva Global Autônoma

O cerne da questão da água na Amazônia é como utilizá-la como bem público e como bem econômico, garantindo o desenvolvimento econômico e social e conservando o recurso. Entretanto, a abundância de água na Amazônia tende a levar a uma cultura de pouca valorização e de desperdício, implicando o adiamento dos investimentos necessários para a otimização de seu uso.

É importante identificar os pontos de pressão que ameaçam os mananciais. Para isto, é preciso compreender quais são os vetores que causam impactos na bacia e as áreas críticas – os *Hot Spots* – resultantes. Essa compreensão é fundamental para se antecipar à degradação dos recursos hídricos e potencializar o seu uso. É necessária, para tal, uma gestão eficiente e integradora, que concilie os múltiplos usos da água demandados por diferentes atores em diferentes escalas, conjugando a segurança hídrica com a inserção competitiva global autônoma, por meio do uso sustentável dos recursos hídricos da Amazônia.

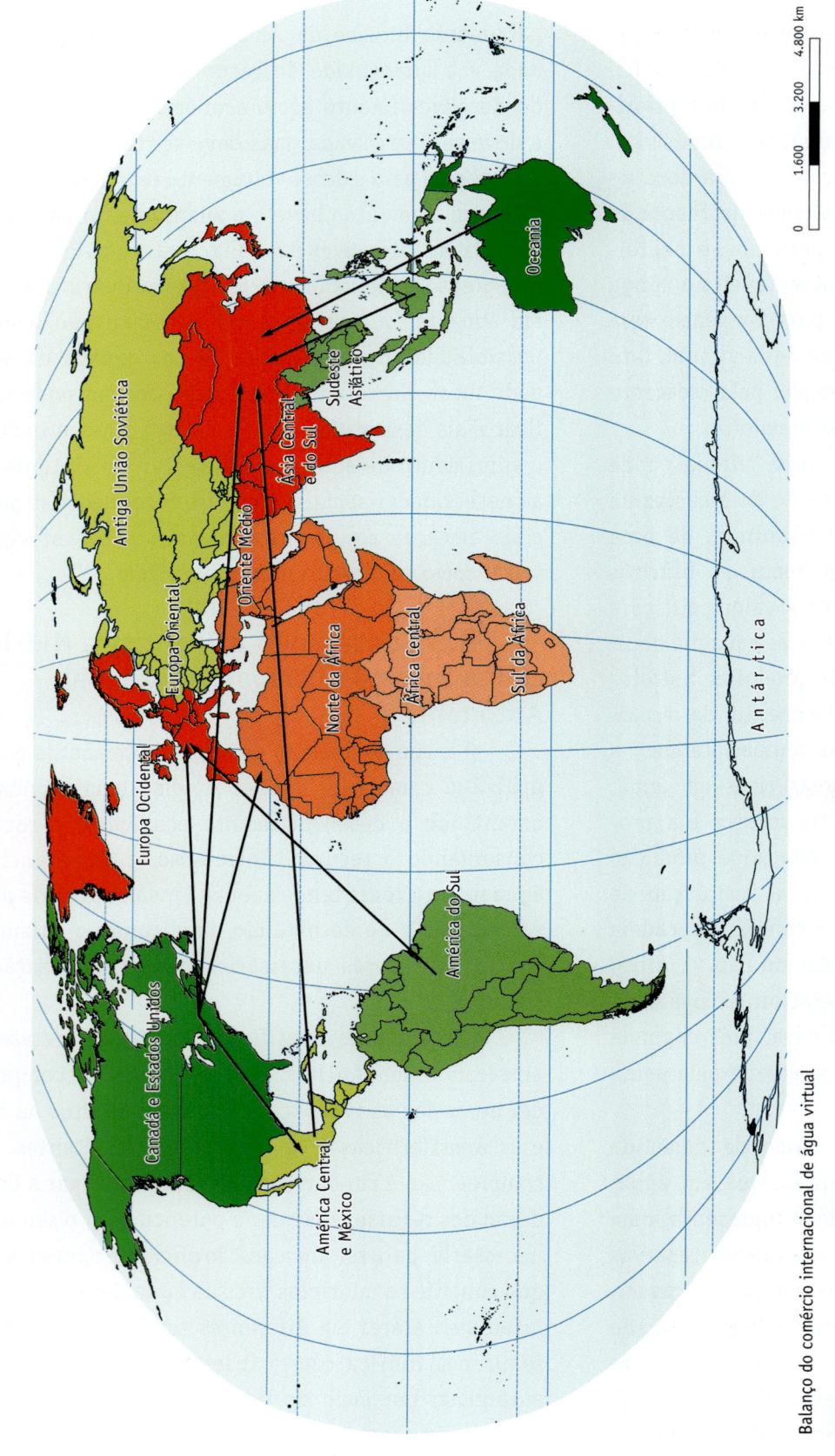

Fig. 3.6 Balanço do comércio de água virtual no mundo, 1995-1999
Fonte: Hoekstra, 2003.

Tab. 3.5 Desmatamento em bacias selecionadas – 2003

Bacia	Área Total (km2)	Área Desmatada (km2)	(%)
Araguaia	386.477	70.253	18,2
Juruá	215.389	5.087	2,4
Madeira	692.180	118.594	17,1
Purus	403.424	15.917	3,9
Tapajós	534.353	103.434	19,4
Tocantins	380.833	52.853	13,9
Xingu	519.461	73.481	14,1

Fonte: Trancoso et al., 2005.
Obs.: Foi considerada somente a porção brasileira das bacias.

3.3.1 Hot Spots: a Água Ameaçada

Por mais abundante que seja a água na Amazônia, eventos concretos já comprometem a qualidade e a quantidade das águas na região. Para compreender essa questão, é importante conhecer os elementos que compõem os vetores que agem sobre o território. Destes, destacam-se os mercados global e doméstico. As demandas e os preços alcançados nos mercados são a influência maior na dinâmica da produção, implantação da infra-estrutura, migração e expansão da fronteira móvel. Destacam-se os mercados da proteína (soja e carne), dos sumidouros de carbono, da droga, dos minérios e da energia (hidroelétrica e bioenergia) (Becker et al., 2006). A água virtual está contida em todos eles e, talvez, no futuro, haja um mercado global de água.

Além dos mercados, é componente importante dos vetores a construção de infra-estrutura viária e energética, que, apesar de advir de estímulos econômicos, possui também um viés político destacado, como no caso da Iniciativa para a Integração da Infra-estrutura Regional Sul-americana (IIRSA), comentada no Cap. 4.

Somando-se aos mercados e à construção de infra-estruturas estão também as migrações, a expansão demográfica e a urbanização. Tudo isso resulta no avanço da fronteira móvel, que é também estimulada pela cultura da sociedade sul-americana, onde a ânsia pela apropriação da terra – legal e ilegal – é um traço marcante.

Essas forças transformadoras não atuam com total liberdade. Existe uma reação do Estado e da sociedade aos processos que atuam no território e impactam os sistemas hídricos. Tal reação é bem ilustrada pela implantação das unidades de conservação, terras indígenas e do Zoneamento Ecológico-econômico (ZEE), ações que buscam regular o uso do território com efeitos importantes na conservação da água. Além disso, as comunidades locais se organizam contra a expansão desordenada do povoamento. Em geral, os movimentos sociais se articulam para resistir à construção de estradas, barragens para hidrelétricas e à expansão da fronteira móvel.

Estudos dos autores mostram que, associados à compreensão dos vetores impactantes e das restrições políticas e sociais, dois indicadores são importantes para identificar os *Hot Spots* da água na Amazônia:

* o desmatamento revela as áreas em que a cobertura florestal já foi removida com impacto negativo sobre a quantidade e a qualidade da água. A Fig. 3.7 mostra que a distribuição do desmatamento é bastante desigual na região, o que implica grandes impactos para os recursos hídricos nas áreas mais atingidas, como será visto adiante;

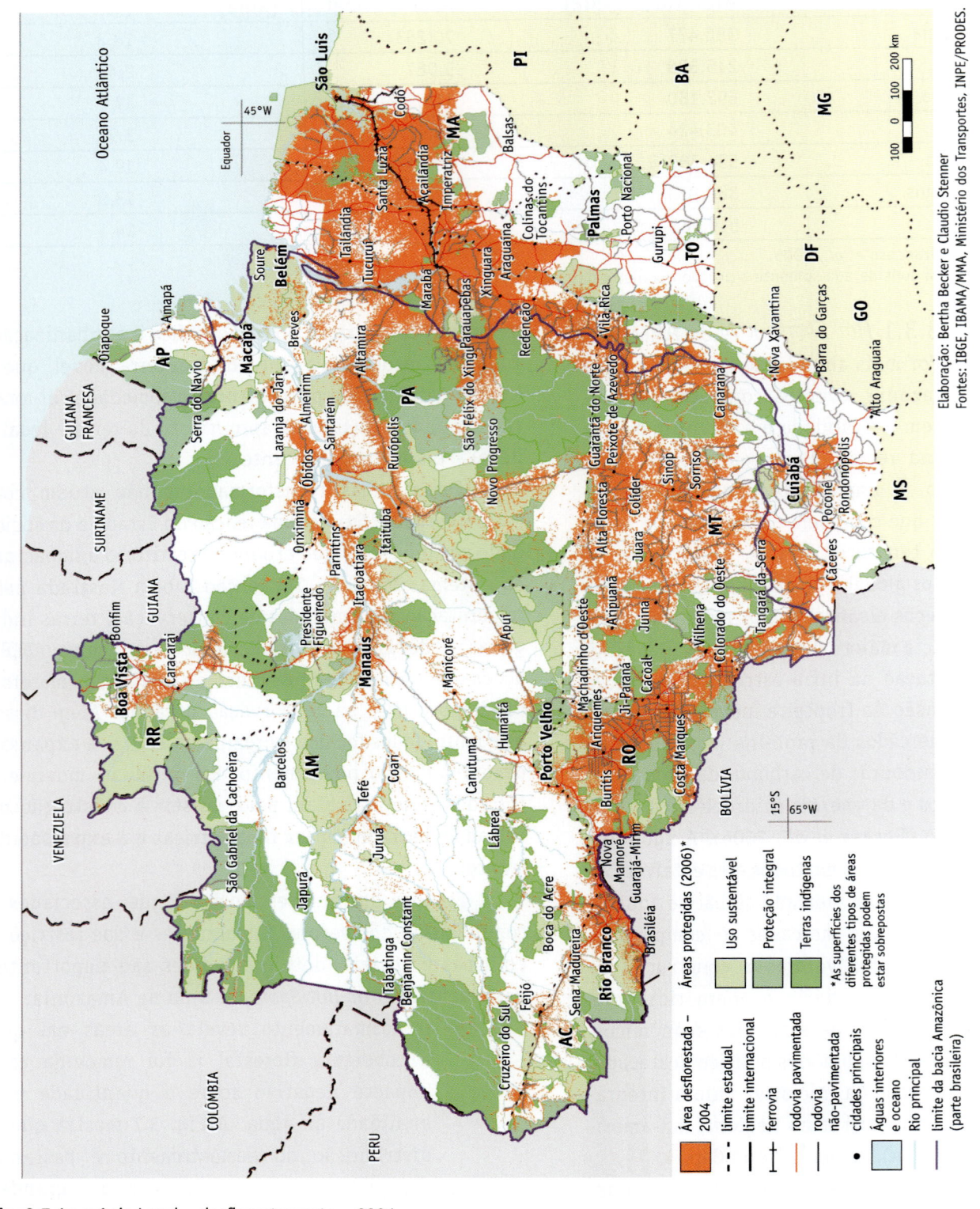

Fig. 3.7 Amazônia Legal – desflorestamento – 2004

✳ os focos de calor são um bom indício das tendências de ocupação da região. Eles apresentam um padrão contínuo – correspondente às áreas mais desmatadas e queimadas – e, a seguir, ilhas descontínuas que revelam o início do desmatamento e a direção de sua trajetória (Fig. 3.8). São também indicadores de relações entre o povoamento, a vegetação e o clima: nas áreas sujeitas à estação mais seca, do leste e sul da Amazônia, grande parte incidindo sobre os cerrados do Mato Grosso e da Bolívia, existe uma tendência maior de ocorrência de queimadas. Esses focos podem estar associados à derrubada e queima da floresta, a incêndios florestais rasteiros não intencionais, a queimadas em áreas adjacentes que escapam do controle e atingem a floresta ou ainda ser resultante de fogo intencional ou acidental em pastagens, lavouras e capoeira (Nepstad; Moreira; Alencar, 1999).

Os *Hot Spots*, de acordo com os critérios apontados, dividem-se em três tipos. O primeiro deles, os territórios de povoamento adensado, incluem as grandes e médias cidades. A maioria dessas concentrações urbanas tiveram um rápido crescimento e apresentam sérios problemas quanto ao abastecimento de água e saneamento, como mostrado no item anterior.

Um outro problema para essas áreas é a concentração do desmatamento em determinadas sub-bacias, devido à expansão da fronteira interna, isto é, sobre os restos da mata que permanecem nas grandes fazendas. Tal concentração tem forte impacto nos recursos hídricos locais em termos de erosão, assoreamento, poluição e contaminação. A Tab. 3.5 revela a intensidade do desmatamento nas bacias dos afluentes da margem direita do rio Amazonas e na bacia do rio Tocantins, onde o povoamento é adensado. Na bacia do rio Madeira, por exemplo, o desmatamento, já elevado, concentra-se na área central de Rondônia, colocando em risco os recursos hídricos (Fig. 3.9).

Os territórios pouco povoados e não protegidos caracterizam o segundo tipo de *Hot Spot*. Essas áreas correspondem às grandes extensões florestais. É o domínio das baixas densidades demográficas, onde predominam as populações tradicionais, extrativistas de produtos florestais e pesqueiros, e a fraca acessibilidade, provida sobretudo pelos rios e, em algumas cidades, pelos aviões. Nessas áreas, dois processos estão associados aos *Hot Spots*:

✳ A implantação de infra-estruturas tem grande potencial de impacto, especialmente a construção de rodovias. O mais destacado decorrerá da Iniciativa para a Integração da Infra-Estrutura Regional Sul Americana (IIRSA), proposta como meio de romper as barreiras das fronteiras de separação e transformá-las em fronteiras de cooperação. A integração física dos países amazônicos é um fato que carrega elementos altamente positivos, mas também riscos de promover o desmatamento com forte impacto nos recursos hídricos. Rodovias nacionais têm o mesmo efeito. A mera expectativa de construção de infra-estrutura desencadeia forte migração e apropriação ilegal de terras (grilagem). Além das rodovias, têm-se ainda as instalações pontuais para produção de energia, sejam usinas hidrelétricas, cujas barragens produzem grandes impactos hídricos e sociais, ou exploração de petróleo e gás natural, como na bacia do Urucu, no Amazonas;

✳ O outro processo refere-se à expansão da fronteira móvel, relativa ao avanço da agropecuária, da exploração mineral (industrial e garimpo), da exploração madeireira e da apropriação fundiária. Esse movimento abre novas frentes de desmatamento e vem afetando sobretudo as bacias dos principais afluentes da margem direita do Amazonas, em áreas como o alto curso do rio Tapajós (norte do Mato Grosso e eixo da BR-163, na chamada Terra do Meio, a partir de São Félix do Xingu, Fig. 3.9 e Fig. 6.2). Vale destacar o problema da contaminação das águas dos rios pelo mercúrio utilizado nos garimpos.

O terceiro tipo de *Hot Spot* está associado aos territórios protegidos institucionalmente, ou seja, o Sistema Nacional de Unidades de Conservação (SNUC) e as Terras Indígenas (TI). Na Amazônia, os territórios protegidos até 2004 correspondiam a 33% do território amazônico, 27% sendo TI e 6% UCs. A criação de novas UCs em 2005/2006 e o Programa ARPA (Áreas Protegidas da Amazônia) ampliarão o território protegido na região para 41%.

Nesse sentido, vale assinalar o esforço altamente positivo do governo federal e estadual e da sociedade civil para conter o avanço das frentes e do desmatamento na BR-163 e Terra do Meio, por meio do ZEE, da criação de novas UCs e da implantação de um Distrito Industrial Florestal na área da BR. O planejamento inclui a produção de madeira com valor agregado e a estruturação de núcleos urbanos.

A intensificação da dinâmica regional, entretanto, pode colocar em risco as áreas protegidas e, conseqüentemente, os recursos hídricos. Apesar de estudos de Nepstad et al. (2005) e Ferreira et al. (2005) demonstrarem uma efetividade das áreas protegidas contra os desmatamentos – o que é também visível na Fig. 3.7 –, algumas próximas das frentes de expansão estão ameaçadas. Assim, é fundamental a identificação desses *Hot Spots* potenciais para que se possa antecipar ao problema.

3.3.2 O Desafio de Gerir a Abundância: antecipando-se à Crise Anunciada

A gestão dos recursos hídricos na Amazônia deve conciliar o uso da água como um bem público e como um bem econômico, de modo a garantir segurança hídrica para a população e potencializar essa grande riqueza amazônica como uma vantagem competitiva real para a região, trazendo benefícios sociais e econômicos para seus habitantes, fazendo da água um catalisador poderoso para o desenvolvimento regional sustentável.

É, portanto, necessário compatibilizar múltiplos interesses e usos, muitas vezes conflitantes, e ainda garantir a preservação do recurso. Para isto, é necessário considerar as diferenciações internas da bacia. A variabilidade das condições naturais é intensa, associada a fatores climáticos, geomorfológicos, pedológicos e geológicos que resultam nas diferenciações da cobertura vegetal original da bacia.

Tais diferenciações também se revelam em termos socioeconômicos. Existe uma grande diversidade de grupos étnico-culturais, de densidade do povoamento, da história da formação territorial, da escala de produção, da acessibilidade à circulação e informação e do grau de urbanização, o que atribui às sociedade locais níveis diversos de inserção no contexto econômico e político nacional e global. Se considerarmos que a gestão da bacia Amazônica não pode ser feita somente na parte brasileira, de modo isolado, o cenário torna-se ainda mais complexo, pois envolve a articulação de todos os países da bacia.

Diante dessa complexidade, o Brasil está, corretamente, antecipando-se à crise

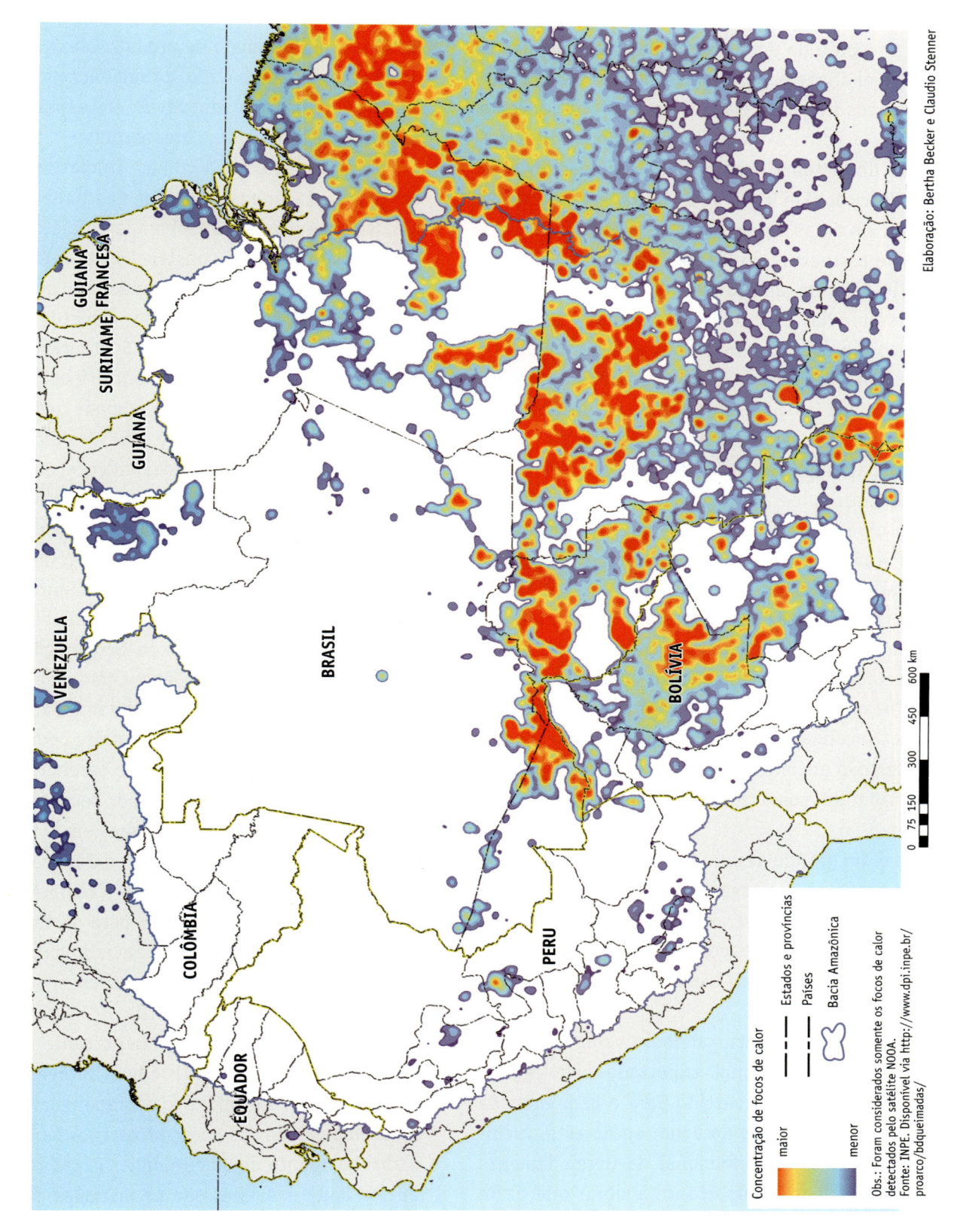

Fig. 3.9 Bacia Amazônica – focos de calor – 2005

da água. É o país da América Latina mais avançado em institucionalizar a gestão das bacias e a legislação de recursos hídricos. Marcos nesse processo, como se sabe, são: a Política Nacional de Recursos Hídricos e a criação do Sistema Nacional de Gerenciamento de Recursos Hídricos (Lei 9.433 de 8/1/1997); a criação da Agência Nacional das Águas (ANA), em 2000; também a elaboração e assinatura do Plano Nacional de Recursos Hídricos (PNRH), em janeiro de 2006 (Becker, 2006).

O Sistema Nacional de Gerenciamento de Recursos Hídricos prevê um importante papel para os comitês e agências de bacias. Os comitês são órgãos colegiados formados por representantes do governo, da sociedade civil e grandes usuários de água, sendo uma forma participativa de gestão. Os comitês têm o poder de decidir sobre a prioridade dos investimentos e de fixar níveis de cobrança pela água (Tucci et al., 2001). As Agências de Bacia são o braço executivo, operacional dos comitês.

Diversos comitês de bacia já funcionam no Centro-Sul do Brasil; na Amazônia, contudo, não foram ainda instalados. Na região, dadas as suas características específicas de "abundância de água e de problemas de escassez localizados, a Política Nacional de Recursos Hídricos não encontra condições objetivas para ser implementada tal como se acha concebida" (Lanna, p.17, 2006).

Este é um grande desafio na região: gerir a abundância, ao invés da escassez, antecipando-se à crise e evitando-a. Como demonstrado, são variadas as pressões sobre os recursos hídricos, e o mais grave: o problema da falta de água potável e saneamento para a população.

Ademais, é necessário atribuir valor à enorme quantidade de água virtual exportada pela região, valor este que deve ser revertido para o bem-estar da população e a conservação da água, opção esta, inclusive, prevista no Sistema Nacional de Gerenciamento de Recursos Hídricos. É importante lembrar que parte dos *Hot Spots* atuais e potenciais está diretamente relacionada com a expansão da exportação da água virtual da Amazônia por meio de produtos derivados da soja e gado bovino, e também com o mercado de energia renovável, em expansão (hidroeletricidade e bioenergia).

Cabe destacar algumas iniciativas de gestão da água na escala da Amazônia sul-americana, envolvendo projetos que possibilitam a construção de uma agenda autônoma para a região, no que diz respeito à água. Um desses projetos é o Gerenciamento Integrado e Sustentável dos Recursos Hídricos Transfronteiriços na Bacia do Rio Amazonas, financiado pelo Global Environment Facility (GEF) — uma organização financeira independente que angaria recursos para projetos ligados ao meio ambiente e ao desenvolvimento sustentável — em parceria com o Programa das Nações Unidas para o Meio Ambiente, a Organização dos Estados Americanos e a Organização do Tratado de Cooperação Amazônica. Esse projeto tem como objetivo "fortalecer o marco institucional para planejar e executar, de uma maneira coordenada, atividades de proteção e gerenciamento sustentável do solo e dos recursos hídricos na bacia do rio Amazonas em face dos impactos decorrentes das mudanças climáticas verificados na Bacia" (PNUMA, 2004). Outro projeto em curso para gestão da água na Amazônia é financiado pela Agência Norte-Americana para o Desenvolvimento Internacional (USAID).

A C&T tem um papel importante a desempenhar para garantir o bom aproveitamento social e econômico da água, como no exemplo dado dos poços artesianos para o abastecimento de comunidades isoladas. Outros bons exemplos são os sistemas de monitoramento de desmatamento e queimadas, aparato tecnológico de grande importância para a gestão dos recursos hídricos.

A ciência também deve contribuir desenvolvendo maneiras de reduzir o consumo de água e a contaminação dos aqüíferos em áreas intensivas em agricultura, além de avançar nas pesquisas para a redução e previsão do aquecimento global e seus impactos na Amazônia. Esses e outros avanços tecnológicos, associados a um quadro institucional que possibilite uma gestão eficiente da água, são um meio de a Amazônia, de maneira autônoma, ter este seu recurso natural valorizado e usado de forma sustentável em prol da sociedade local.

Invertendo a Lógica da Exportação e Conectando as Populações da Floresta 4

O domínio de forças externas segundo modelos e interesses exógenos sucessivos marcou profundamente o povoamento do território amazônico após a colonização. É ao longo dos grandes eixos de circulação, que conectam a região com mercados extra-regionais, que se desenvolveram as atividades extrativas e se assentaram as populações; eixos que constituem descontinuidades nas grandes massas florestais, com sua população ribeirinha e extrativa dispersa, e que, até recentemente, não eram objeto de preocupação de políticas públicas. Gerou-se, assim, um povoamento descontínuo e fragmentado, reorganizado continuamente em novas ondas de ocupação para exploração de recursos, baseadas em vetores tecnicamente mais avançados, que realinham pontos, recriam centralidades, alteram e diferenciam o espaço e o tempo vividos pela população.

Enquanto se asseguram os corredores de exportação, no interior da região verifica-se uma tensão entre antigas e novas geometrias regionais, resultantes da trama formada pelos caminhos, rotas, eixos e corredores que dificultam a conectividade das populações e, conseqüentemente, o desenvolvimento regional. Não se trata apenas de falta de conectividade em termos de transporte, mas também em termos de energia e comunicações. Ainda são os pequenos e dispersos geradores locais movidos a diesel que abastecem de energia a maioria das cidades regionais, também fracamente conectadas com as redes de telecomunicações mais modernas – as infovias. Enfim, as conexões regionais foram sempre com o exterior, permanecendo a região, em si, fragmentada e sem coesão interna.

O futuro da Amazônia, em termos do bem-estar de seus 23 milhões de habitantes, estará, assim, em grande parte dependente de inovações capazes de assegurar a conectividade regional interna, nela implantando múltiplas redes técnicas, invertendo a lógica exportadora. Mas não se trata de um desafio trivial: à C&T cabe enfrentá-lo no sentido de estabelecer redes que conectem as populações sem destruir a natureza.

Para tanto, há que se reconhecer os avanços científicos e técnicos que vêm ocorrendo no campo da conectividade e sua incidência na região.

4.1 Da Infra-estrutura à Logística: a Situação da Amazônia na Logística do Território Brasileiro

Ainda hoje, no Brasil, domina uma visão setorial em que a conectividade e a acessibilidade dependem, sobretudo, da infra-estrutura de transportes. No entanto, o novo modo de produzir, baseado na informação e no conhecimento e que sustenta o processo de globalização atribui à velocidade um papel crucial no seu desenvolvimento, e a velocidade requer a superação das visões setoriais, substituídas por uma visão de sinergia, isto é, resultados positivos decorrentes de ações interativas.

A conectividade passa a ser uma palavra-chave no processo de globalização, e a logística passa a ser um conceito que expressa a conectividade e seu papel na aceleração das transformações. No mundo contemporâneo, tal como proposto por Virilio (1976), a logística é um sistema de vetores de produção, transporte e processamento que garante o movimento perene e a competitividade. Sistema de vetores que corresponde, cada um deles, a múltiplas redes – de transporte, de energia, de comunicação etc. – que, em conjunto, geram forte sinergia (Becker, 2006). É fácil perceber a importância da logística na organização e na dinâmica do território e seu efeito na diferenciação espacial.

A nova racionalidade tende a se difundir pela sociedade e o espaço, mas, em nível operacional, em nível concreto, é seletiva, gerando uma geopolítica de inclusão/exclusão. Ela avança rapidamente no setor produtivo privado por meio da formação de sistemas logísticos espaço-temporais viabilizados por redes técnicas e políticas e alimentados pela informação. O setor público, dada a sua estrutura pesada e rígida, e a sociedade, desprovida de meios econômicos e de informação, têm muito mais dificuldade em operar a logística (Becker, 1993).

Na indústria e na agroindústria, a logística foi incorporada à geopolítica e visa maximizar o valor econômico dos produtos ou materiais, tornando-os disponíveis a um preço razoável, onde e quando houver procura. Em outras palavras, a utilização do tempo e do espaço são otimizados.

Enfim, a logística não se resume às redes de infra-estrutura. Ela é, hoje, um serviço sofisticado, capaz de suprir a redução de custos, a confiabilidade e a velocidade necessárias à competitividade global, sendo um elemento decisivo na definição dos padrões territoriais e na inserção social (Becker, 2006).

Há que se distinguir logística empresarial e logística do território.

No contexto estritamente empresarial, a logística é definida como um elo que interliga as diversas etapas das cadeias de suprimento e distribuição, envolvendo operações integradas de transporte, armazenagem, distribuição e tecnologia da informação. Envolve, ainda, serviços jurídicos, de planejamento tributário, de seguros e gerenciamento de estoque. Entre esses itens, o transporte propriamente dito representa, na média mundial, cerca de 1/3 dos custos logísticos. É justamente nesse item que o Brasil apresenta as maiores deficiências (MT & MD, 2007).

A logística, hoje, assume um papel de destaque nas empresas, pois é um importante elemento de custo e de qualidade dos serviços e produtos, afetando a competitividade. O nível de serviço logístico necessário tende a ser mais complexo e sofisticado quanto maiores forem as cadeias produtivas e quanto mais global for a cadeia de abastecimento e distribuição.

Para uma logística eficiente são necessários, então, além de infra-estrutura, serviços qualificados para potencializar o uso dessas redes físicas. Daí sairá a escolha dos **modais** mais adequados para atender às exigências de transporte e armazenagem de um determinado produto. Dada a importância da logística para o sucesso das corporações, muitas delas desenvolvem suas próprias soluções, às vezes implantando redes físicas exclusivas no território.

A logística do território é mais abrangente do que a logística empresarial. Ela integra vários tipos de redes estruturantes, públicas e privadas, incluindo sistemas de transporte e armazenagem, produção e distribuição de energia, serviços de telecomunicações e serviços de educação e saúde. É um dos principais fatores de ordenamento do território; ela interfere decisivamente na construção de padrões de aproveitamento da base territorial do país, podendo valorizar as diferenciações regionais e facilitar uma inserção competitiva e socialmente justa de uma região, ou deixá-la à margem dos processos sociais e econômicos mais dinâmicos.

> Modal de transporte significa tipo de transporte: aéreo, rodoviário, ferroviário, dutoviário, hidroviário etc.

Nesse contexto, tanto a diversificação da matriz de transporte, via multimodalidade, quanto a da matriz energética, por meio do aproveitamento de novas fontes, irão, certamente, ter um papel fundamental na construção de um novo padrão de aproveitamento da base territorial do país, que se pretende mais ajustado às contingências de seu quadro natural. Ao mesmo tempo, diversificar as redes parece mais adequado para conciliar os múltiplos interesses públicos e privados (nacionais e internacionais) e acomodá-los aos limites de um quadro normativo e institucional renovado.

O grau e o ritmo de integração do espaço amazônico no processo de globalização da economia, acompanhados da inserção diferenciada de suas regiões e cadeias produtivas nesse processo configuram um fator importante para se entender e agir sobre a nova dinâmica de crescimento.

Carente de redes de conectividade e com ecossistemas sensíveis, a Amazônia deve ter na logística um dos fundamentos de sua coesão interna e de seu desenvolvimento.

A bacia Amazônica é a mais extensa bacia hidrográfica do planeta, formada por um emaranhado de 25.000 km de rios navegáveis, distribuídos em 6.925.674 km², dos quais 3.836.520 km² em território brasileiro (Santos; Câmara, 2002).

É o amplo sistema fluvial que unifica os vários ecossistemas florestais contíguos que compõem a Amazônia sul-americana, a maior floresta tropical do mundo, formada por um complexo ecológico transnacional (MMA & MI, 2004).

Dadas essas características, acentuadas pelo modelo primário exportador, as redes dos sistemas de transporte, energia e comunicações apresentam baixas densidade, capilaridade e qualidade, em relação ao restante do Brasil. É flagrante o enorme vazio de conectividade na Amazônia no conjunto do território nacional. Enquanto no Centro-Sul do país, especialmente no Sudeste, a multiplicidade e o emaranhamento das redes formam verdadeiras malhas que recobrem o território, em direção à porção norte do país a malha se esvanece e transforma-se em conjunto de redes no Centro-oeste, a redes isoladas, pioneiras, como é o caso na Amazônia. Em termos de logística territorial, ressurge a imagem de dois Brasis, extremamente diferenciados (Becker, 2006) (Fig. 4.1). Interiorização maior das redes só ocorre para serviços mais freqüentes, simples e menos custosos. É o caso dos serviços públicos básicos de saúde e educação, graças às políticas implementadas de descentralização adotadas pelo Sistema Único de Saúde (SUS) e por universidades federais e estaduais (ver Fig. 2.3).

Não há como promover o desenvolvimento sem conectividade e acesso às redes. O desafio é aumentar a densidade, a qualidade e a articulação das redes, garantindo uma integração intra-regional e nacional, e mesmo continental, de modo a melhorar a competitividade econômica, a qualidade de vida da população e, ao mesmo tempo, garantir a conservação do meio ambiente, invertendo as conexões regionais dominantes, tal como visto a seguir.

4.2 Novas Redes Técnicas – a Mesma Lógica?

É possível identificar avanços técnicos na conectividade regional, todos eles associados à exploração dos recursos naturais, como *commodities*, e à apropriação e controle do território. Às redes convencionais seguiram-se poderosas redes materiais extensas e articuladas, implantadas pela logística das corporações, e, hoje, estendem-se as redes imateriais de informação. Elas abrem a possibilidade de inverter à lógica da exportação, possibilidade essa que, para ser devidamente implementada, depende também de decisões políticas.

Fig. 4.1 Brasil – logística do território – 2005

4.2.1 AS REDES CONVENCIONAIS

Redes convencionais são as redes usuais, naturais e/ou com tecnologia convencional: fluvial, aérea e rodoviária. Nesse sentido, destaca-se na Amazônia a rede hidrográfica. Os seus rios sempre foram as "estradas" naturais que permitiram e orientaram o processo de ocupação até meados do século XX. Existem milhares de quilômetros de vias navegáveis na bacia Amazônica: alguns são apenas flutuáveis, outros oferecem condições para uma navegação rudimentar, e os principais rios são francamente navegáveis. Alguns destes, como o Amazonas/Solimões e o Madeira, apresentam elementos de balizamento e sinalização que os caracterizam como hidrovias. A rede hidrográfica da região forma um sistema hierarquizado de transporte, com uma gigantesca rede de rios menores, o que permite a navegação de pequenas embarcações e garante capilaridade ao transporte hidroviário. Além da navegabilidade, existem nas cidades ribeirinhas amazônicas dezenas de pequenas estruturas portuárias que são fundamentais para o transporte de pessoas e as relações comerciais e políticas dessas cidades.

Nem todos os grandes rios da região, contudo, são francamente navegáveis por embarcações de maior porte, exigindo contribuições da C/T&I. Existem problemas a serem resolvidos para a navegação, como corredeiras, pedras nos leitos dos rios, bancos de areia e curvas com raio demasiadamente fechado. É o caso, por exemplo, dos rios Tapajós/Teles Pires e dos rios Araguaia/Tocantins, potenciais hidrovias para o transporte de grãos e para a integração da região central do Brasil. A operação e a implantação de uma hidrovia também exigem pesquisa hidrográfica e engenharia naval. É necessário compreender o regime hidrológico dos rios e monitorar constantemente a profundidade e a localização do canal de navegação. Do contrario, é grande o risco de encalhe ou naufrágio.

A engenharia naval deve contribuir com pesquisas sobre obras hidroviárias (dragagem, sinalização de vias, revestimento de margens etc.) e projetar embarcações adequadas aos rios amazônicos, com calado apropriado à navegação o ano inteiro. O desenvolvimento tecnológico da indústria naval mostra-se um setor-chave para o aproveitamento dos recursos hídricos tão abundantes na região, sendo importante destacar iniciativas como a criação, em 2005, do curso de Engenharia Naval na Universidade Federal do Pará, em Belém.

O transporte hidroviário tem grande importância especialmente na Amazônia Ocidental e ao longo da calha do rio Amazonas. Já o arco que contorna a floresta Amazônica ao sul e a leste, estendendo-se de Rio Branco (AC), Porto Velho (RO), Cuiabá (MT), Palmas (TO) e chegando a Belém (PA), teve seu processo de ocupação orientado por rodovias, construídas na região a partir da década de 1960 e conectando-a com o Centro-Sul brasileiro (Fig. 4.2). A implantação dessas rodovias impulsionou a expansão da fronteira em movimento com profundas transformações espaciais, socioeconômicas, políticas e ambientais, como já apontado no Cap. 1. Perante as sociedades brasileira e global, a face mais visível dessas transformações é o desmatamento. Estudos demonstram que, entre 1978 e 1994, cerca de 75% do desflorestamento na Amazônia ocorreu em uma faixa de 50 km de cada lado das rodovias pavimentadas (Presidência da República, 2004; Alves, 2001).

As rodovias tiveram uma relação direta no processo de ocupação regional nas últimas quatro décadas. A rede rodoviária constitui uma base técnica imprescindível na integração às racionalidades socioeconômicas nacionais e globais. Grande parte da população que migrou para a Amazônia e das atividades implantadas se fixou próximo às estradas (Alves, 2001). Mas o preço pago foi excessivamente elevado.

As transformações e os conflitos induzidos por uma rodovia ocorrem já na fase de seu planejamento. A mera expectativa de sua construção gera um movimento de pessoas e capitais em direção à sua área de influência, que buscam se antecipar à obra e, assim, capturar os ganhos futuros, sobretudo apropriando-se de grandes extensões de terra. Caso a expectativa pela execução do projeto seja demasiadamente longa e de forte credibilidade, poderão ocorrer profundos conflitos e transformações sociais e econômicas na área, mesmo que a obra não se realize no futuro.

A abertura da maioria das estradas na Amazônia ocorreu de forma conflituosa no período do planejamento regional. Conectar porções do espaço a novas redes aguça disputas territoriais e expõe as contradições entre os interesses dos agentes sociais locais, nacionais e globais. A complexidade do processo aumenta, uma vez que não existe um amplo consenso social sobre qual o melhor uso para os grandes recursos oferecidos pela região. Entretanto, esforços recentes do Estado, como o Plano de Desenvolvimento Regio-

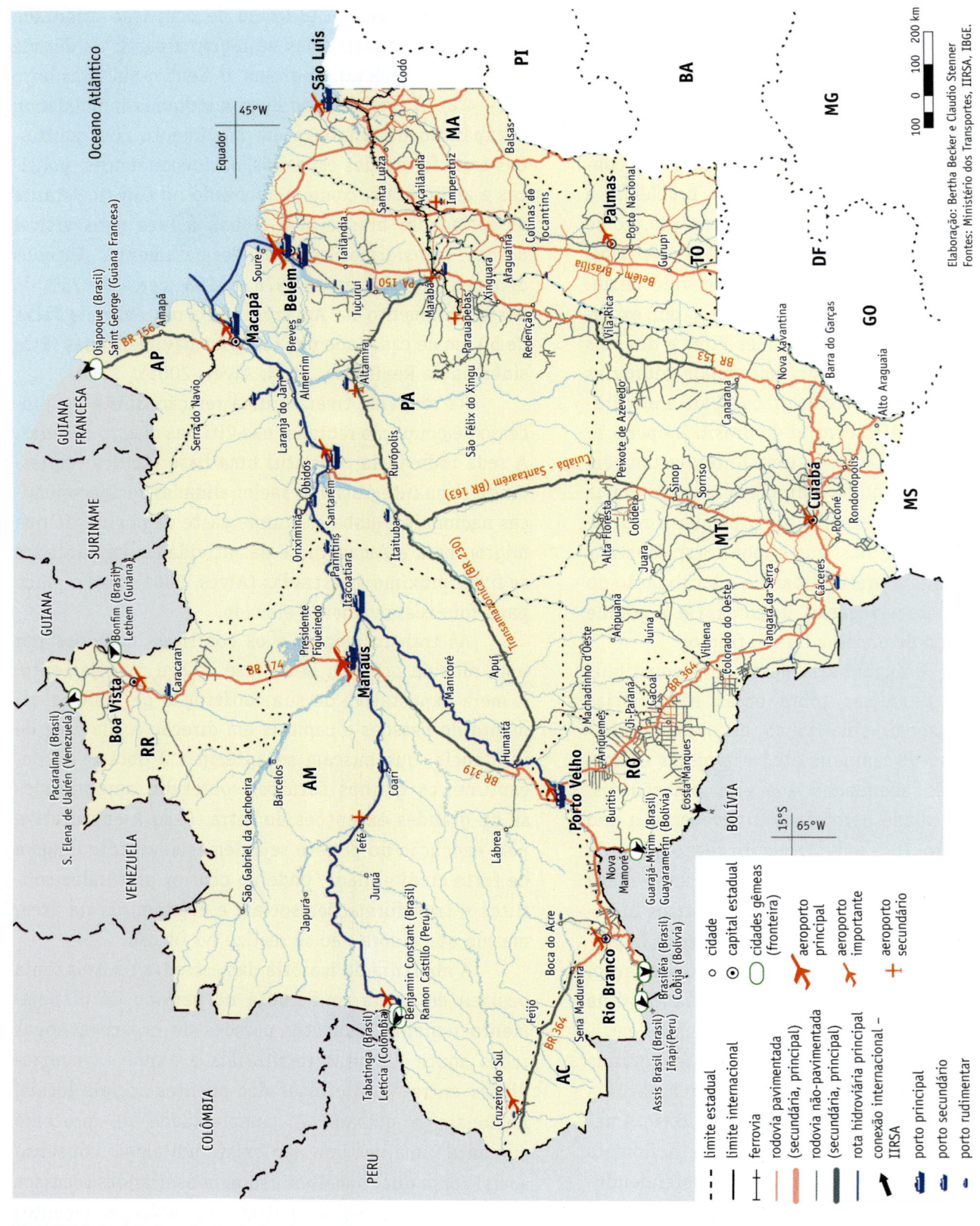

Fig. 4.2 Amazônia Legal – logística dos transportes – 2006

nal Sustentável da Cuiabá-Santarém, revelam uma intenção de criar infra-estrutura rodoviária na Amazônia baseada em outros padrões de organização e controle do território.

A malha aérea completa as redes convencionais da região e possibilita o acesso a regiões isoladas e a articulação das principais cidades às redes urbanas nacional e global, permitindo o desenvolvimento de atividades econômicas mais sofisticadas. Tal malha, articulada com os outros modais de transporte, foi e é fundamental para o desenvolvimento regional da Amazônia. Os aeroportos administrados pela Infraero (empresa estatal do governo federal que opera quase a totalidade dos principais aeroportos do País), especialmente os localizados nas capitais estaduais, representam os principais nós dessa rede. O aeroporto de Belém é o mais movimentado da região. O seu terminal movimentou 1,8 milhão de passageiros em 2006, seguido de perto pelo aeroporto de Manaus, com 1,7 milhão de passageiros. Manaus e Belém articulam também a grande maioria dos vôos regionais (Tab. 4.1). Uma dúzia de aeroportos nas demais capitais estaduais e algumas cidades, como Santarém e Imperatriz, formam outros nós importantes dessa rede, complementada por dezenas de aeroportos e campos de pouso de pequeno porte.

Mas as transformações mais importantes nas redes regionais vieram a ocorrer com a ação de grandes corporações e nova escala de exploração dos recursos da Amazônia, demandando uma base logística mais sofisticada.

4.2.2 A Logística das Corporações

A implantação da Zona Franca de Manaus (ZFM), em 1967, e a exploração de minérios em grande escala, iniciada nas duas últimas décadas do século XX, foram

Tab. 4.1 Aeroportos da Amazônia Legal - Movimento Total - 2006

Aeroportos	Passageiros	Carga (kg)
Aeroporto Internacional de Belém	1.776.008	20.714.019
Aeroporto Internacional de Manaus	1.689.817	147.240.980
Aeroporto Internacional de Cuiabá	931.431	3.459.019
Aeroporto de São Luís	740.916	6.255.034
Aeroporto Internacional de Macapá	480.377	3.062.326
Aeroporto Internacional de Porto Velho	355.243	2.801.249
Aeroporto de Santarém	285.132	3.863.862
Aeroporto Internacional de Rio Branco	270.665	1.925.880
Aeroporto Internacional de Boa Vista	150.996	539.913
Aeroporto de Imperatriz	101.776	792.633
Aeroporto de Marabá	90.233	1.303.144
Aeroporto Internacional de Cruzeiro do Sul	73.227	1.994.108
Aeroporto de Altamira	66.223	710.351
Aeroporto de Carajás	33.935	112.162
Aeroporto Internacional de Tabatinga	32.446	59.446
Aeroporto de Tefé	18.444	50.999

Fonte: Infraero. Inclui embarque e desembarque.

marcos da modernização e articulação dos vários tipos de redes em uma logística avançada e necessária à produção industrial e à exportação mineral.

As empresas da ZFM utilizam uma sofisticada logística para garantir o funcionamento das unidades produtivas e distribuir os produtos nos mercados interno (93,5%) e externo (6,5%). Para isto é necessário suprimento confiável de energia, serviços de telecomunicações e um eficiente sistema multimodal de transportes. A maior parte dessa infra-estrutura foi garantida pelo Estado brasileiro na implementação de sua política de desenvolvimento regional que levou à criação da própria ZFM.

O suprimento de energia da ZFM é assegurado pela hidrelétrica de Balbina, construída pela Eletrobrás nas imediações de Manaus, e por termoelétricas a óleo diesel instaladas nesta cidade. A Petrobras está construindo um gasoduto a partir de Coari (AM), que irá disponibilizar o gás natural de Urucu para geração de energia elétrica e uso direto em processos industriais das empresas da Zona Franca, o que vai baratear e melhorar a qualidade da energia disponível.

A logística de transportes das empresas do Pólo Industrial de Manaus (PIM) tem no avião um elemento essencial. O aeroporto Eduardo Gomes, nesta cidade, é o terceiro com maior volume de cargas do país, sendo superado apenas pelos aeroportos de Cumbica e Viracopos, ambos em São Paulo. Mas outros componentes logísticos asseguram as exportações da ZFM: i) um Centro Logístico Avançado de Distribuição (Clad) na Flórida (EUA), conectado com Manaus por três vôos semanais e uma rota marítima direta a cada duas semanas. Esse entreposto serve para facilitar a compra de insumos e promover a venda de produtos das indústrias do Pólo; ii) um braço no município de Resende (RJ), onde está implantado um armazém operado pela iniciativa privada, que funciona como centro de distribuição para o mercado interno, sobretudo do Centro-Sul, estocando parte da produção da ZFM que é transportada por navegação de cabotagem – mais econômica, porém mais demorada; iii) um esquema multimodal de transporte

Fig. 4.3 Aeroporto de Belém e de Altamira

em carretas (sem a cabine), que são carregadas e embarcadas em navios que seguem até Belém, de onde são conectadas a caminhões e, por rodovia, atingem seus destinos finais em outras regiões do país; iv) a estratégia que proporciona confiabilidade, velocidade e fluidez para as empresas da ZFM é complementada com a operação de modernos terminais de contêineres e de portos secos em Manaus.

Se a logística da ZFM privilegiou a fluidez e a velocidade, a exploração mineral na Amazônia incluiu também o desafio extra de transportar um grande volume de cargas, o que indicou a necessidade de construção de novas e extensas infra-estruturas envolvendo vários tipos de redes, a começar pela rede fluvial.

O transporte hidroviário foi dinamizado, inicialmente, pela exportação de minérios e, mais recentemente, da soja. Ele depende não somente da existência de vias navegáveis, mas também de instalações e serviços portuários, os quais experimentaram grande expansão recente para atender às estratégias das corporações. O porto oceânico de Itaqui, em São Luís (MA), é o segundo maior porto em movimento total de cargas do Brasil. Nele está incluído o terminal privado da Ponta da Madeira, da Vale, por onde é exportado o minério de ferro de Carajás. É um porto de águas profundas capaz de operar os maiores **navios graneleiros** do mundo – peça fundamental da estratégia logística da Vale. Os portos de Belém (PA), Vila do Conde (PA), Santana/Macapá (AP), Itacoatiara (AM), Santarém (PA) e Manaus (AM), este a 1.659 km da foz do rio Amazonas, também operam navios oceânicos, sendo possível a navegação de cabotagem e de longo curso.

Por sua vez, a grande valorização da soja no mercado global levou os produtores no cerrado a buscar rotas mais curtas e mais baratas para a exportação, cruzando a Amazônia.

São importantes terminais hidroviários: Porto Velho (RO) e Itacoatiara (AM), pontos extremos de conexão intermodal da hidrovia do rio Madeira. Essa hidrovia, operada pela Hermasa, subsidiária do grupo André Maggi, transporta principalmente soja e produtos ligados à produção agropecuária do grupo. A soja segue por rodovia até Porto Velho; daí a produção segue viagem pelo rio Madeira, em comboios formados por barcaças, até o porto graneleiro para navios (tipo **Panamax**) às margens do rio Amazonas, em Itacoatiara (AM), de onde soja, óleo e farelo são exportados para a Austrália, Europa e Ásia. Para a operação dessa hidrovia, a Hermasa possui duas lanchas com equipamentos exclusivamente para pesquisa hidrográfica (Grupo André Maggi, 2007). Essa tecnologia é necessária para garantir a segurança da navegação das barcaças da empresa.

> Navios Panamax é um termo que designa os navios que, devido às suas dimensões, alcançaram o tamanho limite para passar nas eclusas do canal do Panamá. Isto significa 294 m de comprimento, 32 m de largura e 12 m de calado.

> Navios graneleiros são aqueles que transportam cargas granéis. Os granéis são cargas transportadas sem embalagem ou acondicionamento, podendo ser sólidos, líquidos ou gasosos. São granéis cargas como grãos, petróleo, gás natural, minério de ferro, carvão etc.

Redes ferroviárias foram também retomadas na logística das corporações. Pequenas ferrovias já haviam sido construídas para atender às estratégias corporativas: i) Estrada de Ferro do Amapá (149 km), mais antiga, construída para transportar o manganês da Serra do Navio para o porto de Santana. Com o esgotamento das jazidas, a concessão da ferrovia passou para o governo do Amapá; ii) Estrada de Ferro do Jari (68 km), no Pará, que foi construída e é utilizada para levar madeira à fábrica da Jari Celulose, às margens do rio Jari, a partir do qual a produção da indústria é escoada.

Mas foi a Vale que construiu o sistema logístico multimodal mais complexo, que envolve a produção mineral na serra de Carajás, a Estrada de Ferro dos Carajás (EFC), com 892 km de extensão, e o terminal marítimo Ponta da Madeira (São Luís – MA). O sistema é operado de maneira integrada e com elevados investimentos em tecnologia. Por meio dele, a empresa é capaz de exportar minério de ferro a preços competitivos a qualquer parte do mundo e, também, transportar produtos agrícolas e industriais de terceiros.

A Vale opera, ainda, por meio de sua subsidiária Mineração Rio do Norte, a Estrada de Ferro Trombetas (35 km), ligando as minas de bauxita da serra do Saracá, município de Oriximiná (PA), ao Porto de Trombetas (PA), operado pela empresa. Dali a bauxita é transportada por 1.000 km ao longo dos rios Trombetas e Amazonas, e desembarcada no porto de Vila do Conde (Barcarena, PA), de onde é conduzida à Alunorte, que é a maior refinaria de alumina (matéria-prima para a produção do alumínio) do mundo, subsidiária da Vale. A Alunorte também é abastecida com bauxita por um mineroduto de 244 km de extensão, que parte de Paragominas (PA). Vizinha da Alunorte, a Albrás, outra subsidiária da Vale, absorve 20% de sua produção. A alumina é transportada entre as duas empresas por caminhões. O restante da produção da Alunorte e a produção da Albrás, assim como o recebimento de insumos, são feitos pelo complexo portuário de Vila do Conde, que é operado também pela Vale (Fig. 4.5).

Nota-se que a Vale utiliza-se dos modais ferroviário, aquaviário, dutoviário e rodoviário de modo integrado, o que imprime velocidade e eficiência ao seu processo produtivo e, ao mesmo tempo, adequa-se e tira proveito das especificidades territoriais da região onde está instalada. A localização das usinas em Barcarena, próximo a Belém, também está relacionada à oferta de serviços e mão-de-obra que a metrópole oferece.

Fig. 4.4 Estrada de ferro dos Carajás (EFC)

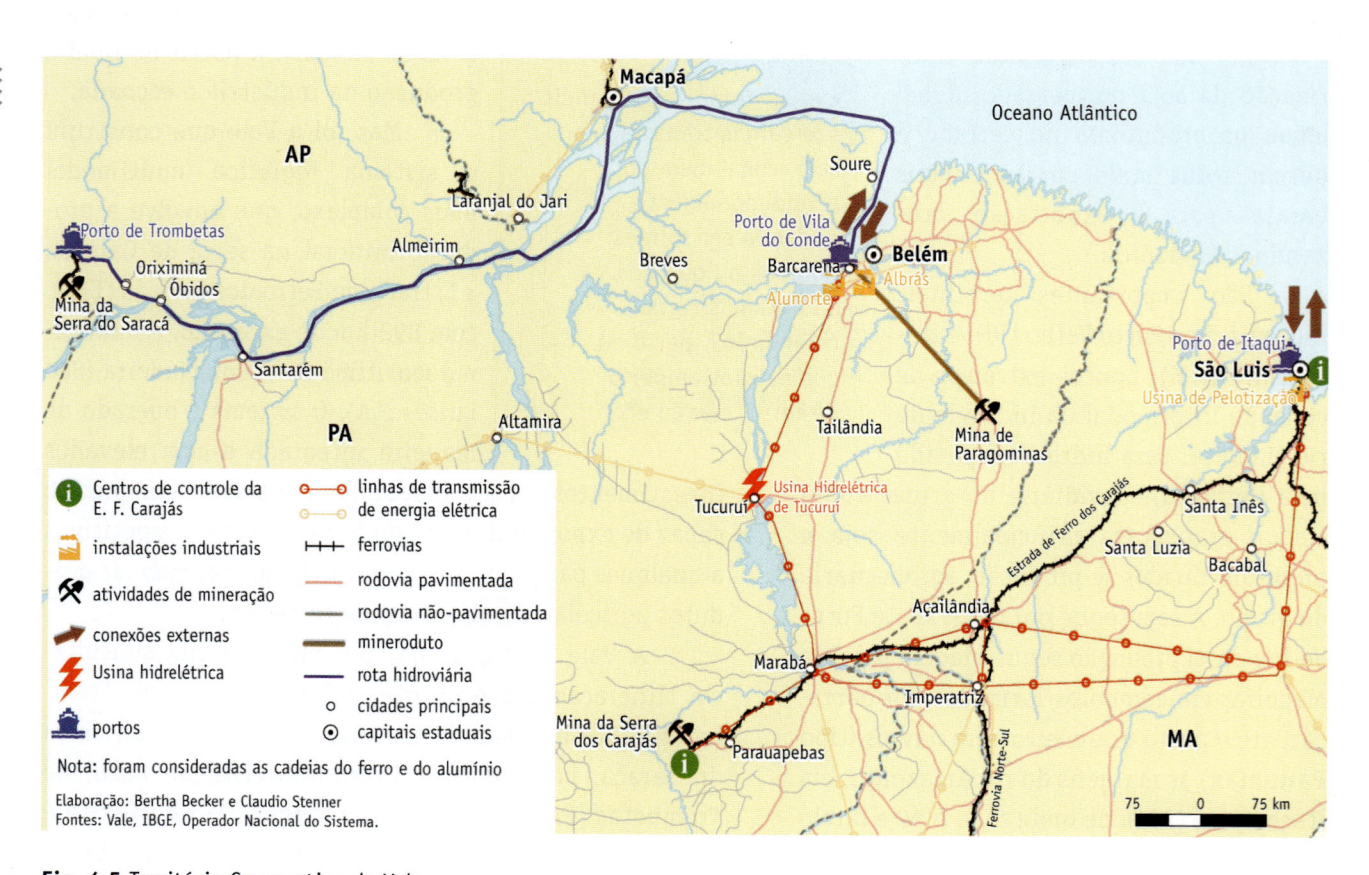

Fig. 4.5 Território Corporativo da Vale

Duas outras ferrovias existem na região. A Norte-Sul teve a sua construção iniciada na década de 1980 pelo Estado. O seu projeto prevê que ela se estenda de Belém a Anápolis (GO). Entretanto, está em operação apenas um trecho de 215 km da ferrovia, entre Estreito (MA) e Açailândia (MA), cidade onde ela se conecta com a Estrada de Ferro dos Carajás. Esse trecho é operado pela Vale. Uma extensão de 205 km até Araguaína (TO) foi concluída pelo governo federal em 2007 e as outras partes do projeto estão em processo de concessão para a iniciativa privada.

A segunda é a antiga Ferronorte – atual Ferrovia Senador Vuolo. No projeto original, a ferrovia articulava-se em Porto Velho com o transporte hidroviário no rio Madeira, e em Santarém integrava-se com a navegação de longo curso pelo rio Amazonas. Apenas um trecho de 512 km entre Aparecida do Taboado (MS) e Alto Araguaia (MT) está em funcionamento, operado pela América Latina Logística – maior operadora logística independente do Brasil.

O Estado brasileiro não só colaborou, mas também planejou, financiou e executou em grande parte a logística das corporações. Basta lembrar que a própria Vale era empresa estatal quando iniciou a política de pólos minerais na Amazônia.

Novas e amplas redes de energia foram também imprescindíveis à logística corporativa. A hidroeletricidade produzida em grandes usinas e estendida por linhões substituiu a energia cara produzida pelas pequenas usinas a diesel nas áreas próximas à exploração mineral. Grandes projetos foram implementados na região nas décadas de 1970 e 1980, como Tucuruí (PA), Balbina (AM) e Samuel (RO). Essas hidrelétricas geraram grandes impactos ambientais e benefícios socioeconômicos discutíveis. A maior delas – a Usina de Tucuruí – foi construída como parte da estratégia de exploração mineral no Pará, oferecendo energia firme e barata para processos industriais eletrointensivos, como a transformação da bauxita em alumínio, feita nas usinas da Vale citadas e na Alumar, em São Luís do Maranhão, consórcio controlado pelas gigantes Alcoa (Estados Unidos), Alcan (Canadá) e BHP Billiton (Austrália). Outra parte dessa energia é exportada para o restante do país. Ou seja, Tucuruí foi concebida para fornecer uma ***commodity*** energética a baixo custo com vistas a atender à demanda de agentes nacionais e globais dominantes, gerando um passivo ambiental desproporcional aos seus benefícios sociais e econômicos.

Vale ainda ressaltar as estratégias logísticas criadas pela Petrobras para a exploração das significativas reservas de petróleo e gás natural da bacia do Urucu, em Coari (AM). O petróleo e o gás ali extraídos são transportados por 280 km de dutos até as margens do rio Solimões, a partir de onde segue por balsas até Manaus. Para propiciar maior velocidade e eficiência no transporte, a empresa está construindo um novo gasoduto entre Coari e Manaus, conforme já comentado.

As características geológicas da região a credenciam a ser palco de novas descobertas de petróleo e gás natural. A experiência de Urucu tem sido relativamente bem-sucedida em relação aos impactos ambientais, mas a polêmica em relação ao licenciamento e à construção dos gasodutos Urucu-Porto Velho e Urucu-

> *Commodity* é um produto para o qual existe demanda internacional e uma padronização de suas características, independentemente do país ou região que o produz. Em outras palavras, um produto torna-se uma *commodity* quando ocorre uma indiferenciação em relação à sua base de suprimento, pela difusão da tecnologia necessária para sua extração ou produção.

Manaus indica que as características ambientais da região representam um desafio extra para o aproveitamento desse recurso energético.

4.2.3 Redes de Informação: as Infovias

As infovias – as estradas da informação – tiveram sua difusão acelerada a partir da última década do milênio passado, especialmente por meio do crescimento da internet. Elas são a espinha dorsal da grande transformação social e econômica em curso, baseada na aceleração da difusão do conhecimento e na conectividade, com impactos diretos no modelo produtivo e seu rebatimento no território. São as infovias que possibilitam ou reforçam iniciativas como telemedicina, educação a distância, redes de pesquisa, sistemas de monitoramento e trabalho colaborativo. Em outras palavras, elas apontam para a possibilidade de, finalmente, conectar internamente a região, além de integrá-la nacionalmente e mesmo com a América do Sul.

Na Amazônia, o uso da tecnologia da informação inclui tentativas de controle do território e contenção do desmatamento, iniciativas criadas pelo Estado brasileiro. Essas redes de informações se apóiam em dados obtidos por sensores orbitais, o que faz do Instituto Nacional de Pesquisas Espaciais (Inpe), sediado em São José dos Campos (SP), um órgão central para essas atividades de monitoramento e controle.

O Inpe operacionaliza três desses sistemas, todos baseados em dados de satélites:

- Banco de Dados de Queimadas: componente técnico principal do Programa de Prevenção e Controle de Queimadas e Incêndios Florestais na Amazônia Legal (Proarco), coordenado pelo Ibama e que objetiva identificar as áreas de maior risco de ocorrência de incêndios florestais para subsidiar tomada de decisões. O Banco de Dados de Queimadas está disponível também para as áreas dos outros países da América do Sul, sendo, portanto, uma rede de informação continental.
- O Prodes (Monitoramento da Floresta Amazônica Brasileira por Satélite) aponta as estimativas de desmatamento anual da Amazônia, utilizando para isto inclusive satélite desenvolvido pelo próprio Inpe em parceria com a China – o CBERs.
- O sistema Deter (Detecção de Desmatamento em Tempo Real) fornece aos órgãos de controle ambiental informação periódica sobre eventos de desmatamento, para que possam ser tomadas medidas de contenção, pois o sistema produz informação em tempo hábil sobre a localização e extensão de novos desmatamentos que estão em curso.

O sistema de informação para o controle e monitoramento da Amazônia é complementado pelo Sipam, Sistema de Proteção da Amazônia, cuja rede permite conectividade por satélite a locais remotos na região.

As infovias também conectam digitalmente as cidades, propiciando fluxo de dados e acesso à internet. A Amazônia ainda apresenta uma baixa conectividade digital, mas algumas iniciativas merecem ser destacadas. Uma delas é a Rede Nacional de Pesquisas (RNP). Vinculada ao MCT, provê serviço de internet com facilidades de trânsito nacional e internacional. Ela integra mais de 300 instituições de ensino e pesquisa do país, inclusive em todas as capitais estaduais da Amazônia. A RNP promove também a integração latino-americana como participante da Clara – *Cooperación Latino Americana de Redes Avanzadas*, que congrega equivalentes à RNP de outros países.

É também objetivo desta Rede criar infovias comunitárias metropolitanas de alta velocidade (Redecomep), possibili-

Fig. 4.6 Desmatamento em Porto de Moz – Pará, Brasil
Fonte: RESEX "Verde Para Sempre".

tando o fluxo rápido de informação entre as instituições de pesquisa. Belém é a primeira cidade do país onde uma Redecomep entrou em funcionamento (maio/2007). Estão em implantação ou em projeto redes comunitárias metropolitanas de pesquisa em todas as capitais estaduais da região.

O sistema de Belém, denominado MetroBel, é composto por 52 km de fibras óticas que interligam 13 instituições locais em 29 lugares diferentes, permitindo um aumento significativo de tráfego de dados entre elas, o que aumenta a possibilidade de colaboração em projetos interinstitucionais. O governo do Pará pretende a ampliação da MetroBel para 96 pontos de conexão e, ainda, a expansão da rede para o interior. Está prevista a implantação de parques tecnológicos – do Guamá (Belém), do Tocantins (Marabá) e do Tapajós (Santarém) – para articular instituições de pesquisa, governo e empresas. Para viabilizar os parques tecnológicos do interior serão construídas redes de fibras óticas de alta capacidade em Marabá (23 km) e Santarém (15 km), interligadas a Belém por meio de infovias da Eletronorte, infovias estas que compartilham a infra-estrutura das torres de transmissão de energia elétrica e se estendem também para outras regiões da Amazônia.

A RNP oferece, ainda, infra-estrutura à Rede Universitária de Telemedicina (Rute), iniciativa do MCT. A telemedicina compreende a oferta de serviços ligados aos cuidados com a saúde, com uso de sistemas de comunicação para o intercâmbio de informações válidas para diagnósticos, prevenção e tratamento de doenças, além de servir para a contínua educação de prestadores de serviços em saúde, assim como para fins de pesquisas e avaliações. Com a telemedicina é possível, por exemplo, que um paciente de São Gabriel da Cachoeira (AM) tenha seus exames avaliados por um especialista em Manaus; ou mesmo que o médico local tenha apoio de um especialista de São Paulo ou Nova York para a realização de uma cirurgia, sem a necessidade de viajar horas ou dias para ter acesso a um determinado conhecimento especializado.

O principal nó dessa rede estará em Manaus, sede do pólo de telemedicina, cidade esta que foi pioneira na região nessa tecnologia. Entretanto, ressalta-se que a Rute aponta para a difusão dessa tecnologia para todas as capitais estaduais da região.

A cidade de Parintins (AM) está sendo palco de uma experiência pioneira na criação de uma cidade digital – que inclui a telemedicina. A iniciativa conta com o apoio da gigante americana de tecnologia Intel. A experiência incorpora unidades de saúde, educação e um centro comunitário, conectando-os a uma rede de internet banda larga sem fio de alta capacidade. A ligação externa é feita a partir de um *link* de satélite, já que a cidade não é ligada a uma rede de fibras óticas. Com a tecnologia empregada, é possível, por exemplo, que os médicos da cidade, antes isolados, tenham acesso à opinião de especialistas de outras cidades, incluindo interação por vídeo em tempo real.

Mas é importante que a conectividade digital atinja também uma parcela mais ampla da população. Nesse sentido, o programa Governo Eletrônico – Serviço de Atendimento ao Cidadão (Gesac) é uma iniciativa relevante. O programa tem como meta disponibilizar acesso à internet e mais um conjunto de outros serviços de inclusão digital a comunidades excluídas do acesso e dos serviços vinculados à rede mundial de computadores.

O Gesac implanta telecentros equipados com computadores, impressoras e acesso à internet banda larga por satélite. Os telecentros são de uso público e se concentram nas áreas mais carentes em termos de conectividade. Na Amazônia, os telecentros estão difundidos por todo o interior da região (Fig. 4.7).

A existência de ampla conectividade digital é essencial para o desenvolvimento regional, pois a produção e o fluxo de informações são cada vez mais centrais nos sistemas socioeconômicos. As infovias melhoram a qualidade dos serviços de educação, saúde e potencializam a pesquisa, articulando cientistas do mundo todo. Além disso, a Internet ajudou no fortalecimento das redes sociais, tornando mais fáceis as conexões intra-regionais e de grupos locais diretamente com entidades e ONGs globais.

A implantação de redes de fibras óticas interligando as cidades amazônicas enfrenta desafios ambientais e de engenharia, pois significa estender cabos através da floresta e cruzar grandes rios. Por exemplo, a rede de fibras óticas da Embratel – antiga estatal de telecomunicações, hoje controlada por um conglomerado mexicano de telecomunicações – somente chegou a Belém no ano de 2000, e a Manaus no ano de 2006. Parece então que, da mesma maneira que as redes de transporte, as infovias devem obedecer a uma lógica "multimodal", combinando as tecnologias de transmissão por cabo, rádio e satélite, de modo a criar uma malha digital que cubra toda a região, a exemplo da experiência que existe em Parintins.

4.3 Superando Contradições e Riscos do Futuro

Tendências do processo de globalização já em curso revelam a incidência de processos contraditórios e de riscos na região.

Trata-se, em essência, de uma questão logística. Por um lado, o problema da energia, que envolve a difusão do ideário da energia renovável para reduzir o aquecimento global. Ora, a maior contribuição do Brasil para a emissão de gases de efeito estufa decorre das queimadas, e não da queima de combustíveis fósseis; e a matriz energética brasileira é bastante limpa, baseada, sobretudo, na hidroeletricidade, em que a Amazônia constitui grande potencial. A corrida para a energia renovável com base no cultivo de plantas pode representar um grande risco para ampliar o desmatamento na Amazônia.

Por outro lado, coloca-se o problema da ampliação da escala da infra-estrutura planejada para implantação em nível continental. Esse processo representa o retorno dos corredores rodoviários de exportação e de grandes projetos energéticos numa escala e num tempo ampliados, que podem constituir grande risco ambiental e social para a Amazônia, caso se façam com as formas convencionais.

Tais riscos são absolutamente contraditórios ao novo padrão de desenvolvimento que se deseja para a Amazônia. A região e o Brasil necessitam de energia e transporte, mas sua expansão requer cuidados especiais, discutidos a seguir.

4.3.1 Logística em Escala Continental

As preocupações globais a respeito dos efeitos nocivos ao clima do uso de energia de origem fóssil (gás natural, petróleo e carvão) se acentuaram nas últimas décadas do século XX. Estudos divulgados em 2007, pelo IPCC – sigla em inglês de Painel Intergovernamental sobre Mudanças Climá-

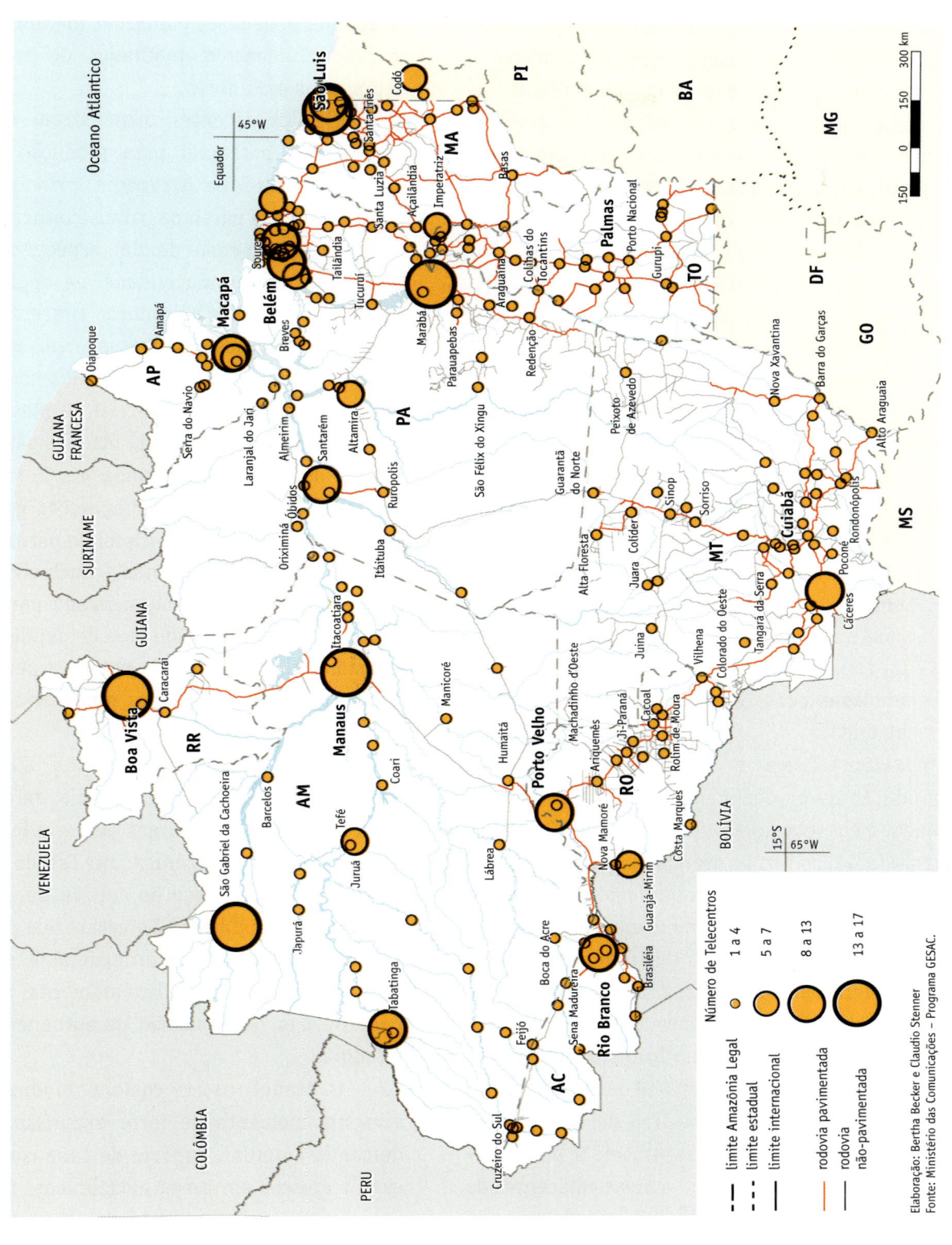

Fig. 4.7 Amazônia Legal – telecentros do programa Gesac – 2005

ticas –, órgão ligado à Organização das Nações Unidas, reforçaram a idéia dos impactos do aquecimento global e da responsabilidade do homem sobre esse processo.

Dentro desse contexto político, aumentaram as pressões globais pela redução da emissão dos gases do efeito estufa, transformando a energia renovável numa questão global. A Amazônia ocupa uma posição central nesse debate por dois motivos:

* O Brasil está entre os dez maiores emissores de CO_2 do mundo, mas a maior parte de suas emissões provém do desmatamento da Amazônia. Assim, uma maneira importante de o Brasil reduzir as suas emissões de CO_2 é reduzindo o desmatamento na Amazônia;
* Uma outra solução passa pelo aumento do uso de energia renovável em substituição aos combustíveis fósseis. Nesse sentido, o Brasil e a Amazônia se transformam numa grande fronteira energética, com um enorme potencial de produção de energia renovável por meio da biomassa e da hidroeletricidade.

> São conhecidas como florestas energéticas aquelas plantadas com o objetivo de produção de bioenergéticos, como carvão vegetal ou lenha.

A Amazônia é rica em três elementos essenciais para a produção de energia renovável: espaço, água e sol. Ao menos em relação ao quadro natural, a região é uma candidata a se tornar grande produtora de bioenergia. A bioenergia é produzida por meio de três grandes vertentes que dominarão o mercado da agricultura de energia: os derivados de produtos intensivos em carboidratos ou amiláceos, como o etanol; os derivados de lipídios, como o biodiesel; e os derivados de madeira e outras formas de biomassa, como briquetes ou carvão vegetal (MAPA, 2005). Hoje, boa parte das experiências de produção na Amazônia desse tipo de energia tem origem no extrativismo não-sustentável. O pólo siderúrgico existente no leste do Pará e áreas adjacentes do Maranhão utilizam basicamente carvão vegetal oriundo de florestas primárias (Homma, 1998; Monteiro, 2005). É necessário alterar esse padrão e aproveitar o grande potencial da região para **florestas energéticas**, que podem ser plantadas em milhares de quilômetros quadrados de áreas degradadas existentes.

Estudos recentes demonstram que é grande o potencial para produção de biodiesel na Amazônia, principalmente a partir da palma (conhecida também como dendê), espécie com grande produtividade na região. Atualmente a produção concentra-se em áreas próximas a Belém, onde está localizada a Agropalma, maior empresa agroindustrial de plantio e processamento de óleo de palma do Brasil. A demanda por biodiesel, misturado a proporções crescentes e compulsórias ao diesel do petróleo em vários países do mundo – inclusive o Brasil –, abre um enorme mercado para a expansão da produção do óleo de dendê na Amazônia, assim como de outras espécies que possam apresentar boa produtividade no clima da região.

Outra oleaginosa importante, matéria-prima para o biodiesel, é a soja, amplamente produzida nas áreas de cerrado ao sul da floresta Amazônica, no Estado do Mato Grosso. O avanço do cultivo de soja em áreas originalmente florestais tem provocado forte reação internacional e evidencia um possível conflito ambiental que pode ocorrer na expansão da agroenergia na região.

O etanol, assim como o biodiesel, vive um momento de forte expansão da demanda mundial. Cultivos de cana começam a crescer em áreas amazônicas, mas uma nova tecnologia, em desenvolvimento, pode representar uma grande oportunidade para a produção do etanol na região, com bons resultados sociais e ambientais. Trata-se da produção do etanol a partir da celulose; a tecnologia permite que sejam utilizadas como matéria-prima fibras de celulose oriundas de capim, resíduos vegetais, lascas de madeira etc.

A produção de energia renovável (bioenergia e hidroeletricidade) representa um gigantesco potencial de geração de renda e inserção social, contraposto com o não menor desafio para que esse processo não seja um motor para a destruição ambiental que transforme a Amazônia em uma mera fornecedora de *commodity* energética. O potencial da região para produção de energia renovável tem que ser aproveitado como instrumento de inclusão social, crescimento econômico e preservação ambiental. Para tanto, dois desafios merecem ser destacados. O primeiro é como fazer da Amazônia uma grande produtora de agroenergia sem que isso signifique mais degradação ambiental. O segundo é fazer com que a riqueza gerada pela produção energética seja um elemento indutor do desenvolvimento regional, gerando benefícios para uma camada mais ampla da população.

Parte da resposta a esses desafios está no avanço dos sistemas de monitoramento, baseados em tecnologia da informação, que podem contribuir para que a expansão da agroenergia na Amazônia seja feita de maneira sustentável. Bons exemplos dessa tecnologia são o Prodes, o Deter e o Proarco, comentados no item anterior. Um outro lado da solução está na C&T, com pesquisas sobre os melhores métodos de manejo, desenvolvimento de espécimes que se ajustem às características ambientais da Amazônia, aumento da produtividade etc. Isso indica a necessidade de fortalecimento de instituições, como a Embrapa, e a formação de recursos humanos qualificados que investiguem sobre esse campo do conhecimento. É necessário também adensar as cadeias produtivas, com apoio de uma logística eficiente. Ou seja, desenvolver produtos baseados na bioenergia produzida na região, em vez de somente vender a matéria-prima.

O outro grande recurso renovável da região é a hidroeletricidade. O potencial hidrelétrico do Centro-Sul e Nordeste do país está próximo do esgotamento. Na região Norte residem 66% do potencial hidrelétrico não aproveitado do Brasil (EPE, 2007). Dos 260.095 MW de potencial hidrelétrico brasileiro, 105.410 MW encontram-se na bacia Amazônica, dos quais apenas 0,56% são aproveitados. A bacia do rio Tocantins apresenta um potencial de 27.540 MW, com 20% aproveitados (ANEEL, 2002).

O Plano Nacional de Energia 2030 (PNE-2030) indica que a oferta de energia elétrica no Brasil deve seguir com o predomínio da hidroeletricidade e considera que, para tal objetivo, é fundamental o aproveitamento do potencial hidráulico da Amazônia para a expansão da oferta de energia elétrica em longo prazo, o que evidencia fortes pressões para a construção de novas usinas na região, como Belo Monte (rio Xingu – 11.000 MW), Jirau e Santo Antônio (rio Madeira – 7.000 MW) (ANEEL, 2002). Em contrapartida, são igualmente fortes as pressões ambientalistas contra a construção dessas usinas.

O desafio é como aproveitar esse potencial hidrelétrico com um mínimo impacto ambiental e pautado fundamentalmente em uma proposta de desenvolvimento regional. A maior parte da região é desconectada do Sistema Interligado Nacional (SIN), sendo abastecida por dezenas de usinas isoladas que queimam óleo diesel, constituindo uma oferta de energia limitada e menos confiável, dificultando a implantação de atividades econômicas modernas que têm na oferta de energia elétrica regular e de qualidade um insumo indispensável. Na região, entretanto, cabe destacar quatro subsistemas integrados que se constituem em embriões de futura integração com o SIN: Rio Branco (AC)–Rondônia; Manaus e entorno; Amapá; e Boa Vista (RR)–Guri (Venezuela) (Fig. 4.8).

A linha de transmissão de energia elétrica entre Boa Vista e a Usina Hidrelétrica de Guri é um caso de integração continental por meio da energia. Esse exemplo mostra uma característica específica da região, a sua posição estratégica em relação ao projeto nacional de integração sul-americana, pois as conexões terrestres com os países andinos passam obrigatoriamente pela Amazônia. Se as possibilidades de conexão representam um grande potencial, também explicitam uma grande fragilidade, que é a porosidade das fronteiras amazônicas, especialmente mediante as atividades ilícitas do tráfego de drogas e guerrilhas em países fronteiriços, o que levou o governo brasileiro a implantar o Sipam/Sivam.

Os governos da América do Sul entraram em acordo, em 2000, de que era necessário realizar ações conjuntas para impulsionar o processo de integração política, social e econômica sul-americana. Desse entendimento surgiu a IIRSA (Iniciativa para a Integração da Infra-estrutura Regional Sul-americana), que "tem por objetivo promover o desenvolvimento da infra-estrutura de transporte, energia e telecomunicações sob uma visão regional, procurando a integração física dos doze países da América do Sul e visando alcançar um padrão de desenvolvimento territorial eqüitativo e sustentável" (IIRSA, 2007).

Na IIRSA, as conexões rodoviárias desempenham um papel central (Fig. 4.2). A região de Manaus está ligada à Venezuela e ao Caribe por meio da BR-174, formando um importante eixo de integração. Nesse sentido, destaca-se também a rodovia transoceânica, que conecta Rio Branco (AC), Assis Brasil (AC), Puerto Maldonado (Peru) e Cuzco (Peru) aos portos marítimos do Pacífico. O trecho brasileiro dessa rodovia já se encontra pavimentado e o trecho peruano encontra-se em obras. As conexões com a Bolívia acontecem através das cidades gêmeas de Brasiléia (AC)/Cobija (Bolívia) e Guajará Mirim (RO). Outro ponto de integração rodoviária previsto na IIRSA é entre Cruzeiro do Sul (AC) e Pucallpa (Peru). Faz parte ainda desse esforço a conexão internacional entre Macapá e a Guiana Francesa por meio da BR-156.

O grande trecho navegável dos rios Mamoré-Guaporé (cerca de 1.400 km em Rondônia e na Bolívia) - apesar de esses rios estarem isolados da hidrovia do rio Madeira por uma série de corredeiras e cachoeiras - representa uma grande oportunidade de integração continental. Tal integração já foi objeto concreto de uma estratégia multimodal no início do século XX, por meio da qual a ferrovia Madeira-Mamoré foi utilizada para transpor as corredeiras, propiciando um acesso ao oceano Atlântico para a Bolívia. O debate sobre tal tema foi retomado com o projeto de construção das hidrelétricas de Santo Antônio e Jirau no rio Madeira. A inclusão de eclusas no projeto poderia significar a formação de uma grande hidrovia binacional.

4.3.2 Apontando para o Futuro

As populações amazônicas necessitam de uma logística mais eficiente. Nesse sentido, um dos elementos-chave é a multimodalidade, que pode significar redução de custos, maior eficiência, maior velocidade e melhor adequação às especificidades ambientais da região. Três redes são básicas para a região: fluvial, aérea e de informação.

Os rios da Amazônia podem se tornar uma grande vantagem competitiva, pois o transporte hidroviário é a melhor opção em termos de custos e eficiência energética. Para isto é necessário que haja investimentos em tecnologia na área de engenharia naval, como já apontado. Essa tecnologia

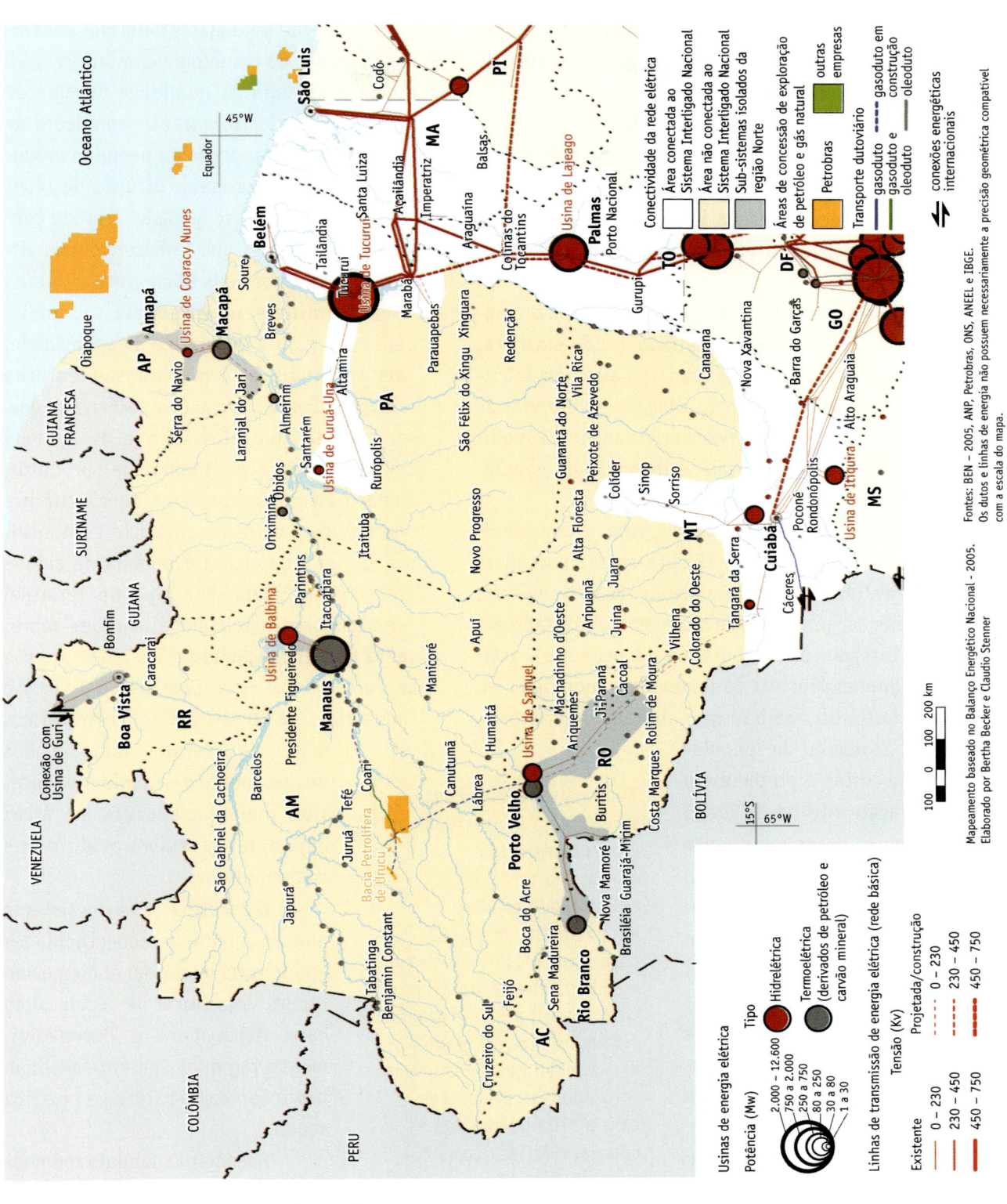

Fig. 4.8 Amazônia Legal – logística da energia – 2006

deve garantir não somente os grandes fluxos de mercadorias relacionados a conexões globais (grãos, minérios, produtos do Pólo Industrial de Manaus etc.), mas também o transporte cotidiano da população ribeirinha pelas águas amazônicas.

Um sistema multimodal eficiente incorpora modernos terminais de transferência, operações com contêineres e avançados serviços nas áreas jurídica e tributária e em tecnologia da informação. Isso indica a necessidade de avançar na formação de mão-de-obra qualificada.

A malha aérea é um componente logístico complementar a ser densificado e ampliado, tendo em vista, inclusive, as conexões com os demais países amazônicos, hoje extremamente carentes. Mas são as infovias as mais promissoras redes para a conectividade intra-regional, considerando sua extensão, a dispersão da população e as condições ambientais.

Um segundo elemento-chave para a conectividade regional é a capilaridade. Exalta-se a importância da multimodalidade, com armazenagem e terminais, mas esta deve ser planejada levando em conta também o mercado interno, uma "logística do pequeno", articulando pequenos trechos de ferrovias e rodovias com rios para constituir malhas que cubram o território, atendendo à massa de população que nele reside e propiciando uma integração interna de modo a favorecer o desenvolvimento regional. Um sistema logístico para a Amazônia não pode considerá-la apenas para o escoamento de produtos para outras regiões ou países. É preciso internalizar ganhos por meio do aumento da capilaridade das redes e da prestação de serviços avançados de logística.

A necessidade de avanço na capilaridade envolve não só o transporte, mas também redes de energia, comunicação e serviços de educação e saúde, condição necessária para o incremento de sistemas produtivos modernos baseados na tecnologia e na informação e para a melhora da qualidade de vida da população. É preciso garantir condições de escoamento da produção do pequeno produtor agrícola e uma maior difusão de redes de internet de alta velocidade, criando condições físicas para que se desenvolvam sistemas produtivos mais eficientes.

Terminais multimodais são indispensáveis para a logística e a capilaridade. Tais terminais atraem para seu entorno serviços como armazéns alfandegados, serviços de apoio logístico e de apoio a transporte, pré-montagem de produtos, empacotamentos, operações com contêineres, serviços contábeis, jurídicos e financeiros, o que dinamiza a economia da cidade onde se localizam. Um tipo de terminal – normalmente multimodal – e que representa uma inovação logística relevante são os Portos Secos e os Centros Logísticos e Industriais Aduaneiros (Clia). Esses armazéns são recintos alfandegados de uso público situados no interior, preferencialmente em áreas adjacentes às regiões produtoras e consumidoras.

O desafio é criar um sistema que se ajuste às especificidades ambientais da região e, ao mesmo tempo, seja capaz de servir como base física para o desenvolvimento regional sustentável, com inserção competitiva e justiça social.

Associar os modais rodoviário, ferroviário, dutoviáreo e aéreo com as facilidades de transporte

> Terminais multimodais servem para a armazenagem e a troca de modal de transporte de um determinado produto. Por exemplo, carros são desembarcados de um navio e embarcados em um trem. O trem avança até uma grande cidade do interior, onde é descarregado e os carros são colocados em caminhões para a distribuição nas concessionárias. Essas operações de carga e descarga são realizadas em terminais multimodais.

oferecidas pela enorme rede hidrográfica amazônica traz vantagens inequívocas para a região. A integração com redes de energia e com tecnologia de informação merece um planejamento integrado para dinamizar áreas específicas e gerar uma organização produtiva em rede.

Os lugares em que ocorrem as principais interconexões do sistema de transporte tendem a se tornar importantes nós logísticos. Essas cidades geralmente concentram um grande número de serviços especializados que viabilizam a logística. Não por acaso, os grandes nós logísticos coincidem com as principais cidades.

Logística multimodal e capilar é essencial nas escalas nacional e sul-americana para garantir os fluxos. Para Castells (2000), o espaço é entendido sob duas lógicas distintas. O espaço dos lugares é onde vivemos, é onde nos relacionamos com o mundo. O espaço dos fluxos, que garante a circulação material e imaterial, concentra o poder em nossa sociedade e a "dominação estrutural de sua lógica altera de forma fundamental o significado e a dinâmica dos lugares" (Castells, 2000, p. 451). Entretanto, a relação entre o espaço de fluxos e o espaço de lugares, entre o nacional/global e o local, não implica um resultado determinado.

É o espaço de fluxo, dominante, que molda a implantação das grandes infra-estruturas de transporte e energia na região. Uma forma de o lugar se beneficiar desses grandes eixos, do ponto de vista da infra-estrutura, é aumentar a capilaridade das redes por meio da construção e manutenção de estradas vicinais de qualidade, ou, ainda, a construção/modernização de pequenos terminais hidroviários e embarcações que circulam na região, além de difundir amplamente as redes de comunicação e energia. Isso representaria uma possibilidade de maior inserção social e econômica das populações marginais nos processos econômicos dominantes. É a "logística do pequeno", essas estruturas capilares, que poderá conectar efetivamente as populações da floresta.

Fig. 4.9 Hidroavião e aeródromo: uma densa rede fluvial favorece esse transporte com investimento mínimo em infra-estrutura
Foto: http://avioesdaamazonia.com/yahoo_site_admin/assets/images/P9030353.356114712.JPG

5 Manaus, Cidade Mundial numa Floresta Urbanizada

Como explicar a presença de uma verdadeira metrópole com 1.612.475 de habitantes no meio da selva, e que futuro é possível almejar para ela?

Manaus, capital do Estado do Amazonas, encontra-se a quase 2.000 km do litoral atlântico, próximo ao centro geográfico da Amazônia brasileira. Para atingi-la, a partir de Brasília, sobrevoa-se ainda hoje, por duas horas e meia, imensa área coberta por espessa floresta, que se sobrepõe à presença humana. Permanecendo à margem das grandes estradas implantadas entre 1960-1985, o Estado do Amazonas foi em grande parte preservado. Rincões longínquos são habitados por grupos indígenas que ainda não foram contactados pela sociedade envolvente.

Os núcleos urbanos, localizados em posições estratégicas, foram sempre a base logística para a apropriação, o povoamento e o controle do território no Brasil e na Amazônia.

Pequenos fortins e concentrações missionárias implantados pela Coroa portuguesa para controle do território deram origem às cidades na Amazônia no passado longínquo. Surtos de crescimento ocorreram em cidades amazônicas que foram sede de comando da exploração de recursos naturais, sobretudo a borracha, com destaque para Belém e Manaus. Após longo período de declínio e estagnação, cidades foram criadas e outras cresceram por ação direta do Estado com o Projeto de Integração Nacional (PIN), de tal modo que a Amazônia passou a registrar as maiores taxas de crescimento urbano no País nas últimas décadas do século XX, razão pela qual foi concebida como uma "floresta urbanizada" (Becker, 1985, 1995).

Essa evidência empírica contradiz grande parte dos estudos urbanos que, segundo a concepção teórica européia dominante, analisam a origem das cidades como centros de mercado para trocas agrícolas produzidas numa certa área. No Brasil, e na Amazônia, os núcleos urbanos foram implantados antes da existência de qualquer atividade agrícola organizada. Pelo contrário, foram eles que organizaram o povoamento e a produção em seu entorno, em todos os surtos econô-

Fig. 5.1 Imagem de satélite e foto de Manaus no meio da Floresta Amazônica, AM, Brasil
Fonte: http://www.cbers.inpe.br/download/manaus.jpg

micos que, voltados para a exportação, posteriormente se extinguiram.

Tal evidência empírica é também reconhecida, no plano teórico, como crucial para a compreensão e o planejamento do processo de desenvolvimento: as cidades precedem a organização produtiva e são os verdadeiros motores do desenvolvimento por constituírem a sede de múltiplos agentes que, com suas redes, organizam o território em extensões variadas. Esse é o ponto de vista de pesquisadores como Jacobs (1984) e Taylor (2004), seguido neste trabalho.

A pesquisa sobre as cidades na Amazônia tem sido negligenciada nas últimas décadas, ofuscada pela ênfase na questão ambiental. Há que ser retomada, desta feita visando a um desenvolvimento duradouro e sustentado. É o que indica o novo contexto histórico da globalização, que, a partir das cidades mundiais, comanda e controla a reestruturação do planeta. E Manaus, que teve importante papel em todos os períodos da história amazônica graças à sua posição geográfica estratégica, *conseguiu gerar sementes de futuro* para se tornar uma cidade mundial como capital da Amazônia sul-americana e, assim, promover a difusão do desenvolvimento que se almeja, utilizando o capital natural sem destruí-lo para beneficiar as populações amazônicas.

5.1 Uma Posição Geográfica Privilegiada na Floresta Urbanizada

Nascido como colônia de Portugal, no contexto do mercantilismo do século XVI, o Brasil formou-se como um País essencialmente agrário, orientado para a exportação de recursos naturais valorizados no mercado externo.

As cidades, contudo, tiveram sempre papel crucial no povoamento, no controle e na organização do território. Eram, em geral, portos litorâneos, centros de convergência da produção a ser exportada e da importação, recebimento de bens necessários à implementação da produção, ao consumo e ao comércio de escravos que, durante séculos, sustentaram a ocupação do território. Enfim, eram meros entrepostos comerciais.

Na Amazônia, as cidades foram igualmente importantes para a ocupação e o controle do imenso território e para organizar a incipiente exportação. Nasceram como pequenas fortificações localizadas na confluência dos principais afluentes com o grande rio Amazonas, como sede de missões religiosas (Veja-se a respeito o Cap. 1), constituindo apoio logístico à expansão portuguesa para além da linha de Tordesilhas.

Esse foi o caso de Manaus. É sua posição geográfica privilegiada que influiu no seu desenvolvimento desde os tempos do devassamento e da ocupação da porção do que é hoje a Amazônia Ocidental até agora, e que fundamenta o seu futuro como cidade mundial.

Localizada exatamente entre a Amazônia Ocidental e a Oriental, num ponto estratégico do principal eixo de navegação fluvial do Brasil – o rio Amazonas –, Manaus é um elo entre a navegação fluvial regional, rudimentar e extensiva, e as grandes rotas marítimas de cabotagem e transatlânticas. E não constitui um ponto terminal de navegação; por sua posição geográfica absolutamente privilegiada, em face das extensões florestais e do gigantesco quadro da drenagem da bacia hidrográfica regional que para ela converge, é uma etapa central e obrigatória da circulação, comandando as conexões entre a circulação atlântica e as mais distantes e profundas linhas de circulação fluvial da América do Sul (Ab'Saber, 1953).

Surgiu somente no século XVII como um fortim à margem esquerda do rio Negro, próximo à sua confluência com o rio Amazonas (nesse trecho denominado Solimões), em local habitado por índios da tribo Manau. Elevada à categoria de cidade em 1856, não passava de um aglomerado urbano sem maior importância. Foi com o advento do ciclo da borracha, a partir das últimas duas décadas do século XIX, que se operou sua grande transformação em uma cidade dotada dos melhores padrões urbanos da época, como capital regional de extensa área extrativa.

5.1.1 A Belle Époque da Capital Regional

A posição geográfica de Manaus no maior eixo da penetração regional foi sobremaneira valorizada com a Revolução Industrial. No início do século XIX, a borracha constituiu o maior símbolo do progresso técnico mundial, expresso na circulação do automóvel, e a Amazônia tornou-se celeiro dessa matéria-prima contida em suas florestas. Modernizou-se a navegação fluvial com a introdução da navegação a vapor, abriram-se os grandes rios à navegação internacional e se intensificou a economia extrativista, promovendo a extensão da ocupação dos altos vales dos afluentes da margem direita do Amazonas, pelo Acre até a Bolívia e o Peru, permitindo o acesso aos mais recônditos seringais.

A cidade tornou-se o centro desse ciclo econômico, como empório comercial e porto interior de convergência da produção e da importação de bens, inclusive bens sofisticados para uma população que

Belle *Époque*

Av. Nazaré

Grande Hotel

Praça Batista Campos

Café da Paz

Fonte: Sky Scraper City – http://www.skyscrapercity.com/showthread.php?t=483286

rapidamente enriqueceu, elevando suas exigências de consumo ao nível dos padrões europeus, assim como ocorreu em Belém. As duas cidades se modernizaram e viveram uma *belle époque* (Daou, 2000), com fausto desenvolvimento cultural, de que são testemunhas os belos teatros de ópera, majestosos edifícios públicos, palacetes residenciais, largas avenidas e praças.

Enquanto Belém constituiu-se como o entreposto da fachada atlântica de toda a Amazônia brasileira, Manaus tornou-se a capital da hinterlândia amazônica.

O declínio do ciclo da borracha amazônica do início do século XX, em conseqüência da competição asiática, significou o fim da *belle époque*, a estagnação das duas grandes cidades e da própria Amazônia, que permaneceu como uma imensa "ilha" voltada para o exterior, isolada do restante do País, com o qual só se comunicava por via marítima e fracas conexões aéreas até a década de 1960. Manaus constituía, contudo, o centro comercial, a chave das comunicações e o centro cultural da Amazônia Ocidental.

5.1.2 Núcleo Industrial Planejado – 1967

Foi com a consolidação do moderno aparelho de Estado brasileiro a partir de 1930, associada à industrialização de base urbana, que se iniciou o planejamento nacional dos transportes baseado na rodovia. Simultaneamente, configurou-se a expansão da agropecuária em torno de São Paulo e Rio de Janeiro, na medida em que era preciso produzir alimentos a baixo custo para os trabalhadores urbanos necessários às empresas industriais sediadas naqueles grandes centros. O crescimento da produção agrícola sem investimentos econômicos e tecnológicos estimulou a expansão da ocupação do território e a posse da terra por pequenos produtores, que eram, a seguir, expropriados por fazendeiros. O discurso da "marcha para o Oeste", do governo Vargas (1930-45), instigava esse processo.

Deu-se, assim, a um só tempo, o crescimento urbano-industrial, a formação de um proletariado urbano e rural e a expansão da fronteira agropecuária, em movimento que, gradativamente, alcançou a borda ocidental da Amazônia na década de 1950. A construção de Brasília e da rodovia Belém-Brasília – esta iniciada em 1958 no contexto do Plano de Metas de Juscelino Kubitschek, baseado em energia e transportes – foi o primeiro eixo de integração da Amazônia ao restante do território, intensificando a migração que já ocorria naquela área (Becker, 1978), seguida de novos eixos, a Brasília–Cuiabá–Porto Velho–Rio Branco.

Já então observa-se, ao longo da rodovia Belém-Brasília, que, apesar de o discurso enfatizar a expansão do povoamento pela agropecuária, a produção era limitada enquanto multiplicavam-se povoados espontâneos, pequenos núcleos urbanos surgidos como pontos de apoio à circulação com função de mercado e concentração de migrantes, muitos dos quais deram origem a novas cidades, como Paragominas, assim batizada por representar a confluência de população do Pará, Goiás e Minas Gerais (Becker, 1974).

O processo planejado de interiorização do povoamento com o Projeto de Integração Nacional do governo militar (1967-85) adquiriu velocidade e acentuou o papel dos núcleos urbanos na expansão da fronteira em movimento. Com objetivos econômicos, de ampliar o mercado interno, e geopolíticos, de ocupação definitiva e controle do território amazônico, a implantação de cidades constituiu uma estratégia explícita, na medida em que se considerava fundamental oferecer serviços para motivar a imigração (Becker, 1984). Incentivos fiscais e créditos a baixos juros foram estratégias para estimular a ocupação com grandes empresas, assim como a implantação de vários tipos de redes – transporte, telecomunicações, energia –, a indução da imigração de todas as regiões do País para formar o mercado de mão-de-obra, e a implantação de cidades. Em conseqüência, estabeleceu-se na Amazônia uma fronteira urbana antes mesmo da fronteira agrícola (Becker, 1982). E o privilégio ao urbano foi além, com a criação da Zona Franca de Manaus (ZFM) em 1967.

Uma fronteira urbana constituiu a base logística para o projeto de rápida ocupação regional. Já então era possível compreender a importância do papel atribuído à urbanização como um modo de integração econômica, social e política capaz de "mobilizar, extrair e concentrar quantidades significantes de produtos excedente modelando uma economia espacial urbanizada e os núcleos urbanos como formas construídas nesse processo, suas feições particulares, bem como a configuração e o desenvolvimento da rede vinculando-se ao seu papel no padrão global de circulação do excedente" (Harvey, 1973).

Essa análise e a de Lefebvre (1978) sobre a mediação do Estado na produção do espaço global, mediante a extensão de todos os tipos de redes e conexões nos territórios nacionais, permitiram entender o vigoroso processo de urbanização na Amazônia, findando por concebê-la como "floresta urbanizada" (Becker, 1974, 1985, 1995).

Múltiplas formas de urbanização emergiram na região, desde o crescimento explosivo de antigas cidades localizadas à beira das estradas até a geração de novas cidades e de inúmeros núcleos e povoados fortemente instáveis. Processo de urbanização espontâneo e, nos anos 1970, explicitamente dirigido, por meio do urbanismo rural implementado pelo Incra, segundo a estratégia governamental de criar cidades para atrair o povoamento, e do Poloamazonia, estratégia destinada a fortalecer cidades selecionadas como base da dinamização econômica.

Os núcleos urbanos tiveram, ademais, o papel crucial de organizar o mercado de trabalho e assegurar a circulação regional da força de trabalho.

Valorizou-se a localização estratégica de Manaus, agora como posto avançado de povoamento e integração no extremo norte do País, próximo às fronteiras políticas pouco habitadas e distantes do centro de comando nacional, as "fronteiras mortas". Sua nova função industrial, implantada em meio a uma economia primária extrativista, teve esse sentido, associado à pretensão de promover o desenvolvimento.

O PIN mudou radicalmente o quadro institucional regional, multiplicando os órgãos públicos para sustentar suas ações entre 1964 e 1974. A Suframa (Decreto Lei nº 286 de 18/2/1967), autarquia vinculada ao Ministério do Interior, foi encarregada de administrar a ZFM para integrar a Amazônia Ocidental ao resto do País mediante a criação de um centro industrial e agropecuário, consolidando uma ação cogitada desde a década de 1950 (Botelho, 2003). Sua função foi a de elaborar um plano diretor para uma área de 10.000 km^2 centrada em Manaus, para promover o desenvolvimento. Visando facilitar o comércio, condições fiscais especiais – isenção de impostos – foram estabelecidas para vigorar temporariamente, persistindo, contudo, até hoje.

Manaus tornou-se um porto fluvial livre e núcleo de localização de projetos industriais, dinamizando-se sua economia a partir de então.

Entre 1970-1990, a Amazônia foi a região que registrou as maiores taxas de crescimento urbano no País, com uma população urbana de 35% em 1970, 44% em 1980, 61% em 1996, 69% em 2000. Em 2007, 72% da população habitavam núcleos urbanos na Região Norte, com crescimento não apenas das grandes cidades, em que se incluem Belém (2.043.537) e Manaus (1.612.475), como de outras, com 100-300.000, 20-50.000, e muitas com menos de 10.000 habitantes. (Fig. 5.2).

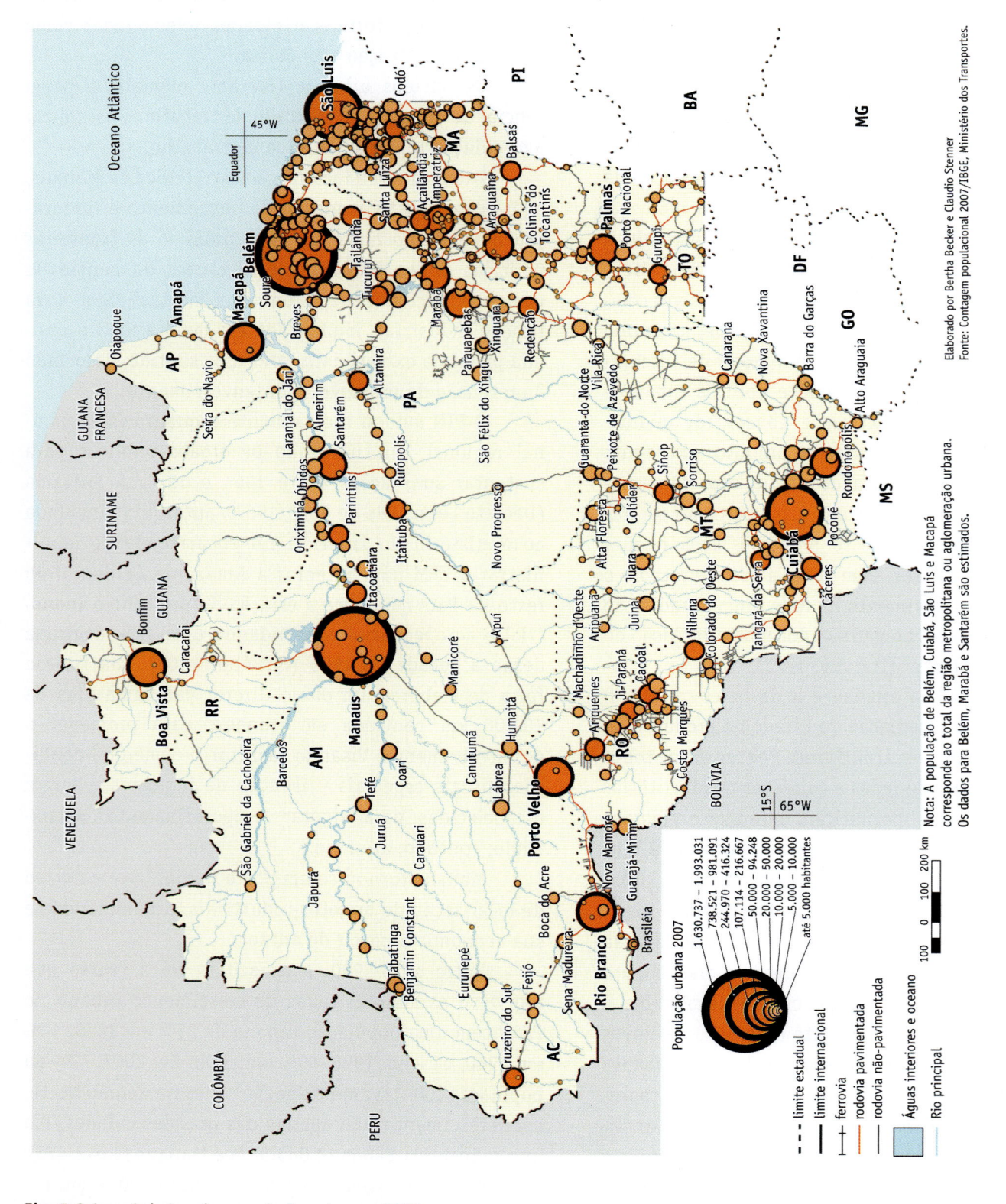

Fig. 5.2 Amazônia Legal – população urbana – 2007

Na década de 1990, o crescimento teve outras causas. Arrefecida a dinâmica econômica com a crise do Estado e a política ambientalista, as cidades passaram a crescer não mais por planejamento e imigração de outras regiões, mas por migração dentro da própria região – do campo para a cidade –, pelo declínio da mortalidade infantil e devido à criação de novos municípios, decorrente da política de descentralização estabelecida pela Constituição Federal de 1988 (por lei, sedes de municípios no Brasil são classificadas como cidades) (Becker, 2004).

5.2 Economia de Enclave ou Economia Sustentada?

A Zona Franca estabeleceu elos significativos com o processo de globalização que se iniciava.

Foi grande o clamor – e são grandes até hoje as críticas – contra os subsídios dados a uma cidade no meio da selva como "maquiladora", isto é, montadora de televisões e eletrodomésticos com peças produzidas por grandes corporações em outras partes do mundo. Um enclave, sem condições de se desenvolver e de promover o desenvolvimento regional. Razões para tal implantação, como visto, havia. Do ponto de vista econômico, representou a implantação da indústria moderna em pleno domínio do extrativismo florestal tradicional; do ponto de vista geopolítico, representou a presença do Estado brasileiro nos extremos norte do País, próximo às fronteiras políticas pouco habitadas.

Vale, então, perguntar: o modelo de uma cidade industrial planejada em meio à floresta foi ou não bem-sucedido? Conseguiu a cidade crescer com autonomia, prescindindo dos subsídios federais e difundindo o desenvolvimento à sua volta, ou não?

Até o presente, os empresários de Manaus – internacionais, paulistas e manaoaras – vêm conseguindo estender os subsídios à indústria, cujo término foi prorrogado para 2013. Em contrapartida, grandes avanços foram alcançados recentemente, o que torna difícil conceituá-la meramente como economia de enclave.

Agraciada com uma Zona Franca, Manaus tornou-se sede de grandes corporações estrangeiras voltadas para a montagem de eletroeletrônicos, como a Samsung (coreana), Philips (holandesa), Nokia (finlandesa), Gradiente (paulista), ou direcionadas a outros produtos, como a Honda (japonesa), Gillette (americana) etc. Durante anos a cidade absorveu grande quantidade de migrantes, chegando a empregar 100.000 trabalhadores na década de 1980, mas nada difundiu para o restante do Estado do Amazonas, que permaneceu abandonado à sua própria sorte. Com a mudança na política econômica do País nos anos 1990, orientada para o neoliberalismo e a inserção competitiva no cenário global, Manaus perdeu muito de seus privilégios, o que se manifestou na queda do emprego de 100.000 para 40.000. Entretanto, completada a reestruturação produtiva, houve uma forte recuperação do pólo industrial, com o número de empregos se aproximando novamente dos 100.000 no ano de 2006 e com uma produção substancialmente maior do que a da década de 1980.

A comparação entre os incentivos fiscais dados à ZFM e a autorização concedida ao Projeto Serra do Navio para exploração da reserva de manganês, no Amapá, pela Bethlehem Steel Corporation, tal como analisada por Botelho (2004), é útil para compreender a ZFM. Na Serra do Navio, o governo federal autorizou, há mais de 30 anos, a exploração da jazida de manganês, hoje exaurida, restando no local um grande buraco, graves dificuldades econômicas e uma sociedade abalada com o desemprego. Trata-se de uma economia de enclave típica, efetivada com capital e tecnologia exógenos, pautada em um só produto de exportação, hoje esgotado.

Qual a diferença entre a Serra do Navio e os incentivos fiscais dados à ZFM? Ambos os projetos inserem-se na divisão internacional do trabalho, na lógica da pilhagem que data do início da colonização. Mas enquanto na Serra do Navio exportou-se um recurso mineral sem agregação de valor, na Zona Franca importam-se produtos concebidos no exterior com valor agregado. A exploração da Serra do Navio se baseou em um só produto, enquanto a ZFM se fundamenta em quatro ou cinco produtos com maior presença no seu faturamento total, que constituem vendas acima de um milhão de reais, televisores, celulares, motocicletas. Certamente o lucro obtido retorna aos Países de origem, quer sob remessas legais, quer pela compra de insumos/componentes, onde reside efetivamente o valor agregado das tecnologias.

Assim, por depender de capital e tecnologia estrangeiros e subsídios nacionais, a ZFM pode ser considerada uma economia de enclave, que só deixará de ser quando a força dos incentivos fiscais for minimizada, quando gerar empresas locais de base tecnológica na microeletrônica e micromecânica, bem como na biotecnologia; quando essas empresas superarem a fase da incubação e se tornarem empresas globais (Botelho, 2004). Em outras palavras, quando inovar, substituindo as importações. Discordamos, contudo, de Botelho, quanto a conceituar a ZFM como economia de enclave; ela dinamizou Manaus, que hoje não é mais um enclave. E a grande diferença em relação à Serra do Navio é que a Zona Franca foi instalada em uma cidade, e não em um lugar ermo junto a jazidas minerais. A ZFM dinamizou a cidade e a dinâmica urbana alterou a Zona Franca, incorporando-a à cidade, o que vem gerando efeitos no seu entorno. Trata-se da reafirmação do urbano, potencializado numa cidade.

Associada à condição urbana, entra em cena um fator-chave para o desenvolvimento: a iniciativa política local. Trata-se da multiplicação de iniciativas com ênfase na formação de um capital intelectual próprio em C/T&I, capaz de assumir a liderança em criar vantagens competitivas dinâmicas, que constituem *sementes de futuro*. Iniciativas do governo estadual e do empresariado sediado na cidade, combinadas, fortalecem a dinâmica urbana e seu papel na organização do território.

A Suframa, nos anos 1980, concebeu a Fucapi (Fundação Centro de Análise, Pesquisa e Inovação Tecnológica), que reorientou sua estratégia para uma maior perspectiva endógena; na década de 1990, investiu na implantação de faculdades privadas, e hoje desenvolve importantes projetos, como, por exemplo, o do *design tropical* e o da formação de redes de biodiversidade. A atual Secretaria Estadual de C&T efetuou verdadeira revolução no estado, fornecendo bolsas de estudo, criando novos cursos orientados para suprir as indústrias, estimulando o empresariado local; recentemente determinou que 20% dos seus recursos financeiros vinculados ao Programa de Interiorização do Desenvolvimento fossem direcionados para projetos orientados para acelerar a construção do capital intelectual local, envolvendo cursos de pós-graduação e projetos específicos como o CIDE, primeira incubadora de empresas de base tecnológica local.

No âmbito do governo federal, o sistema de financiamento da C/T&I nacional determinou a alocação de 30% dos recursos estabelecidos pela maioria dos Fundos Setoriais nas regiões Norte, Nordeste e Centro-Oeste, para utilização em projetos cooperativos decorrentes da realização de plataformas tecnológicas em arranjos produtivos locais. Uma nova e promissora estratégia federal com a Suframa foi a criação do CT-PIM (Centro Tecnológico do Pólo Industrial de Manaus) e do CBA (Centro de Biotecnologia da Amazônia). Embora construído fisicamente, o CBA até agora não conseguiu se estruturar, mas a estratégia de consolidá-lo em articulação com o CT-PIM é crucial para avançar na alta tecnologia, podendo se beneficiar com a recente regulamentação da Lei da Informática.

Por sua vez, o empresariado sediado na cidade vem revelando iniciativas outras, que não apenas pressionar o governo federal para estender os benefícios fiscais à indústria local, como até agora vem fazendo. A empresa paulista Gradiente criou um núcleo próprio de C&T, para o qual convidou cientistas brasileiros que viviam no exterior. Numerosas empresas médias e pequenas surgiram para aproveitamento da biodiversidade, transformada em óleos essenciais que alimentam indústrias de produtos dermatológicos e fitoterápicos, como a Pronatus, Amazon Ervas, Magama etc. A produção de modernos telefones celulares alcança o mercado externo e investe-se na TV digital. Além disso, Nokia e Honda estão utilizando fornecedores locais de empresas com capital de terceiros.

A condição urbana, em si, também dinamiza Manaus. A ZFM criou externalidades, isto é, outros serviços e comércios essenciais ao seu avanço. Novas elites se formaram, como, por exemplo, consultores locais de empresas transnacionais, e os empresários de bens de consumo e de serviços, bem como trabalhadores, professores e alunos, elevaram o patamar de consumo, inclusive da produção agrícola, gerando um cinturão de produtores rurais médios e pequenos no entorno da cidade, para seu abastecimento alimentar. Diversificou-se a sociedade urbana que, à diferença da maioria das cidades amazônicas, não é majoritariamente constituída por funcionários públicos. Enfim, constituindo uma concentração geográfica de 300 empresas, numa área de 3.400 ha (indicadores industriais da Suframa), com um faturamento de 23 bilhões de dólares, que lhe valeu a posição de 4º PIB municipal do País no início de 2006, e estimulando a produção agropecuária à sua volta, Manaus deixou de ser um enclave em termos territoriais. Possui um ambiente de negócios e técnico-científico adequado a germinar as vantagens competitivas e torná-las competitivas num futuro que já se faz presente.

5.3 De Capital Regional a Cidade Mundial

Manaus encontra-se num ponto de inflexão para um salto de qualidade como cidade industrial implantada no trópico. Sua posição geográfica – valorizada durante o mercantilismo europeu com a exportação de produtos extrativos, no industrialismo norte-americano com a exportação da borracha, e na industrialização nacional impulsionada pelo Estado brasileiro com produtos eletroeletrônicos – tornou-a pólo industrial-urbano com tendência a gerar indústrias próprias e diversificadas, que não apenas a de eletroeletrônicos e de duas rodas (motos e bicicletas), mas também de biotecnologia. Esse processo criou condições para a cidade passar à categoria de cidade mundial.

Tal trajetória é aqui sugerida tendo em mente a urgência em implementar formas de uso do território amazônico que gerem crescimento econômico com inclusão social e conservação ambiental, contexto em que Manaus se valoriza como modelo alternativo, na medida em que a concentração urbano-industrial

Fig. 5.3 Pólo industrial de Manaus

gerou riqueza e trabalho sem provocar a destruição da floresta.

Combinadas à dinâmica já alcançada pela cidade, as novas tendências do processo de globalização podem fazer germinar as sementes do futuro, elevando o patamar de Manaus à categoria de uma cidade mundial com "marca amazônica".

A viabilização desse salto qualitativo demanda a compreensão das vantagens e dos riscos inerentes ao futuro; no caso, a formação de cidades mundiais em regiões periféricas, bem como a superação de problemas do próprio modelo de desenvolvimento do pólo industrial.

5.3.1 A Inserção de Manaus na Rede de Cidades Mundiais Vale a Pena?

Globalização não é sinônimo de internacionalização, da qual se diferencia em vários aspectos. A globalização é comandada por grandes corporações transnacionais, afetando sobremaneira o poder de ação direta dos Estados que, no processo de internacionalização, possuíam forte poder de regulação, e esse processo resulta em relativização do poder do território nacional como sustentáculo da soberania, que hoje é relativa.

Esse processo tem uma dimensão espacial que se manifesta mais explicitamente em nível planetário. Grandes concentrações metropolitanas, megacidades, são formadas pela convergência de redes e fluxos das corporações, relacionando-se entre si em rede e passando a gerir as atividades financeiras, econômicas e culturais em nível global, sendo, por essa razão, denominadas cidades mundiais ou globais.

É significativa a literatura científica sobre as cidades mundiais desde meados de 1980 (Sassen, 1991; Castells, 1996; Scott, 2001; Taylor, 2001, 2004; Friedmann, 2006;). O ponto de partida no quadro teórico sobre o tema é a compreensão da expansão do processo contemporâneo de desenvolvimento capitalista.

No contexto da globalização verifica-se um movimento de descentralização da indústria simultaneamente às grandes concentrações das cidades mundiais, que são cidades pós-industriais, manifestando a substituição da estrutura produtora de valor, que passou da indústria para os serviços. Sobretudo na escala global, áreas e pólos têm dinâmicas muito diferenciadas, e são as redes de cidades – e não prioritariamente os Estados – que criam potencialidades e limitam a vida humana.

As cidades podem ser definidas como lugar de convergência das redes e, como tal, concentram os mais variados tipos de serviços de apoio à população e à produção. Mas são os serviços com alto valor agregado, baseados na informação e no conhecimento, que conferem a uma cidade o atributo de mundial e a tornam nó operacional desses serviços, conectando-a em rede. Consideram-se como tais os serviços financeiros, legais, de seguro, de marketing, de contabilidade, consultoria de gestão e turismo, entre outros serviços que viabilizam aspectos intangíveis do fluxo de materiais. A concentração de instituições e organizações transnacionais é também aventada como fator que favorece a condição de mundial a uma cidade.

Hoje, os processos hierárquicos operam dentro das empresas e por meio das conexões entre cidades, e são sobretudo os serviços de alto valor agregado e os fluxos financeiros multilocacionais que encadeiam as cidades, revelando a mudança na estrutura produtora de valor.

Cidades mais integradas nesse novo contexto, portanto, contam, no topo da cadeia produtora de valor, com empresas globais portadoras de serviços com alto valor agregado que, para se estabelecer, requerem, contudo, mercado promissor e aprimoramento urbano específico capaz de atrair a migração internacional de profissionais altamente qualificados.

Segundo Sassen (1991), quatro funções são típicas da cidade mundial: pontos de comando, posição estratégica, lugar de produção e inovação, e mercado.

No Brasil, há correntes que repudiam fortemente tanto a globalização quanto as cidades mundiais, na medida em que a crise metropolitana, marcada pela pobreza, pelo desemprego e pela violência, agravar-se-ia com maior desigualdade e exclusão. O que é certamente um risco, uma vez que os benefícios da cidade mundial não incluem a grande maioria da população, localizando-se, apenas em parte da cidade, e não em toda ela.

No entanto, a formação da rede de cidades mundiais já está em curso, à revelia do que a sociedade e os cientistas desejem. Estudo recente sobre o tema no Brasil (Rossi; Taylor, 2006), baseado na análise da rede bancária, revelou que a conexão bancária internacional está concentrada em poucas cidades, sobretudo São Paulo, a cidade portal das conexões internacionais mais importantes – Nova York, Londres e Tóquio –, seguida do Rio de Janeiro. Manaus não participa desse processo, segundo os dados analisados.

Mas Manaus deve ter planejada sua passagem a cidade mundial, porque esta é a demanda de uma geopolítica de desenvolvimento configurada para um futuro próximo e porque tem condições específicas para sê-lo, embora nem todas enquadradas no rol de serviços de alto valor agregado estabelecido na leitura científica dominante.

5.3.2 Uma Nova Geopolítica para o Desenvolvimento da Amazônia

A potencialidade de Manaus como cidade mundial baseada no setor de serviços com alto valor agregado origina-se, mais uma vez, de sua posição estratégica na convergência de processos dinâmicos do novo contexto histórico.

Trata-se, por um lado, de sua posição geográfica na bacia Amazônica e seu formidável patrimônio natural. Essa posição lhe atribui a função de cidade mundial com "marca amazônica", considerando o alto valor agregado de um outro tipo de serviço: *os serviços ambientais*. No imaginário mundial, essa percepção já existe, embora ainda não se tenha operacionalizado a forma de sua valorização.

Não por falta de empenho de forças globais. Se a pressão preservacionista iniciada em meados de 1980 resultou, como visto, na ampliação de Áreas Protegidas – reservas de capital natural –, resultou também em um novo ator na região, a cooperação internacional, financeira e técnica, envolvendo serviços financeiros, consultorias por agências e projetos de desenvolvimento, pesquisadores e técnicos, além de ONGs financiadas do além-mar, e de organizações religiosas.

Conta, portanto, a cidade, não somente com o crescimento de alguns serviços para a produção, consagrados mundialmente como de alto valor agregado, como também com serviços exclusivos, ambientais, e uma gama de atores e investimentos associados à sua conservação. Serviços ambientais de alto valor não apenas para a produção, mas para a existência humana, e que repercutem no mercado.

Hoje, inicia-se o uso do capital natural reservado na década de 1990, acentuando-se a vertente da acumulação em contraposição à vertente ambientalista. Observa-se um processo de mercantilização de elementos da natureza transformados em mercadorias fictícias – fictícias porque não foram produzidas para venda no mercado (Polanyi, 1944; Becker, 2001b) –, mas que geram mercados reais, cuja regulação está em curso em grandes fóruns globais. É o caso do mercado do ar, por meio do Protocolo de Quioto; da Convenção sobre Diversidade Biológica, que procura superar conflitos quanto à propriedade intelectual; de múltiplas agências que tentam regular o uso global da água, considerada o "ouro azul" do século XXI; e da atual corrida para a produção bioenergética.

A essa tendência associa-se uma nova, muito mais ampla escala para pensar e agir na Amazônia: a Amazônia sul-americana. Por um lado, valoriza-se a escala do capital natural, um dos mais extensos do planeta, e dos serviços ambientais por ele prestado. Enquanto os Estados tentam regular os mercados por meio de Protocolos e Convenções, são os bancos transnacionais que se interessam em novos mercados de investimento, no seqüestro de carbono e na gestão da água, mas quanto à biodiversidade, as grandes corporações farmacêuticas tentam se independizar da pesquisa no local, avançando a produção por meio da manipulação de moléculas em seus laboratórios.

Por outro lado, em nível nacional, o Brasil e os demais Países amazônicos percebem a importância do uso sustentável de seu patrimônio natural para retomar seu crescimento econômico, e percebem também as vantagens de se unir para defender e usar esse patrimônio. Em conseqüência, foi retomado o Tratado de Cooperação Amazônica, de 1978, como Organização do Tratado de Cooperação Amazônica (OTCA), cuja secretaria geral está instalada em Brasília, institucionalizando-se um "bloco regional". E a IIRSA planeja a infra-estrutura para o continente Sul-americano.

Dois imensos projetos para gestão da água concretizam o novo contexto, embora praticamente desconhecidos pelas sociedades nacionais, inclusive pelas que habitam as Amazônias dos diversos Países da grande Amazônia. Um deles é implementado pelo Banco Interamericano de Desenvolvimento (BID) em parceria com a OTCA, a Organização dos Estados Americanos (OEA), fundos do Global Environment Facilities (GEF), envolvendo as instituições que administram a água dos diferentes Países. O outro é uma iniciativa da U.S. Agency for International Development (USAID), concebida em Washington, executada por instituições norte-americanas com a colaboração de ONGs e pesquisadores convidados, sem o aval dos países amazônicos.

Tal autonomia de projetos globais numa Amazônia continental torna patente a necessidade de uma cidade mundial amazônica, capaz de se constituir na interface operacional da valorização dos serviços ambientais consagrados na globalização, em vez de favorecer o controle externo sobre a região que, é bom não esquecer, detém também grande parte dos recursos naturais do planeta em sua imensa extensão.

Tais tendências criam condições para a trajetória de Manaus rumo à condição de cidade mundial, como capital da Amazônia sul-americana, e não mais apenas da Amazônia brasileira. O mapa da grande região ressalta a posição estratégica de Manaus, que é, de longe, a mais importante cidade em termos de população e de atividades econômicas (Fig. 5.4). Somente Iquitos, capital da Amazônia peruana, tem dinâmica significativa graças ao comércio da madeira e à presença de companhias petrolíferas ao seu redor, mas não se compara com o porte de Manaus.

Essa posição ante os projetos que se instalam para preservação ou uso dos recursos certamente criará demanda para novos serviços na cidade. E aqui reside o nó da questão, no que tange aos serviços para a produção. Se a utilização dos recursos se fizer reproduzindo o modelo histórico de mera exportação de matérias-primas, desenvolver-se-ão apenas os serviços convencionais, situação esta que não é suficiente para promover um desenvolvimento que traga benefícios efetivos para as populações regionais e seus respectivos

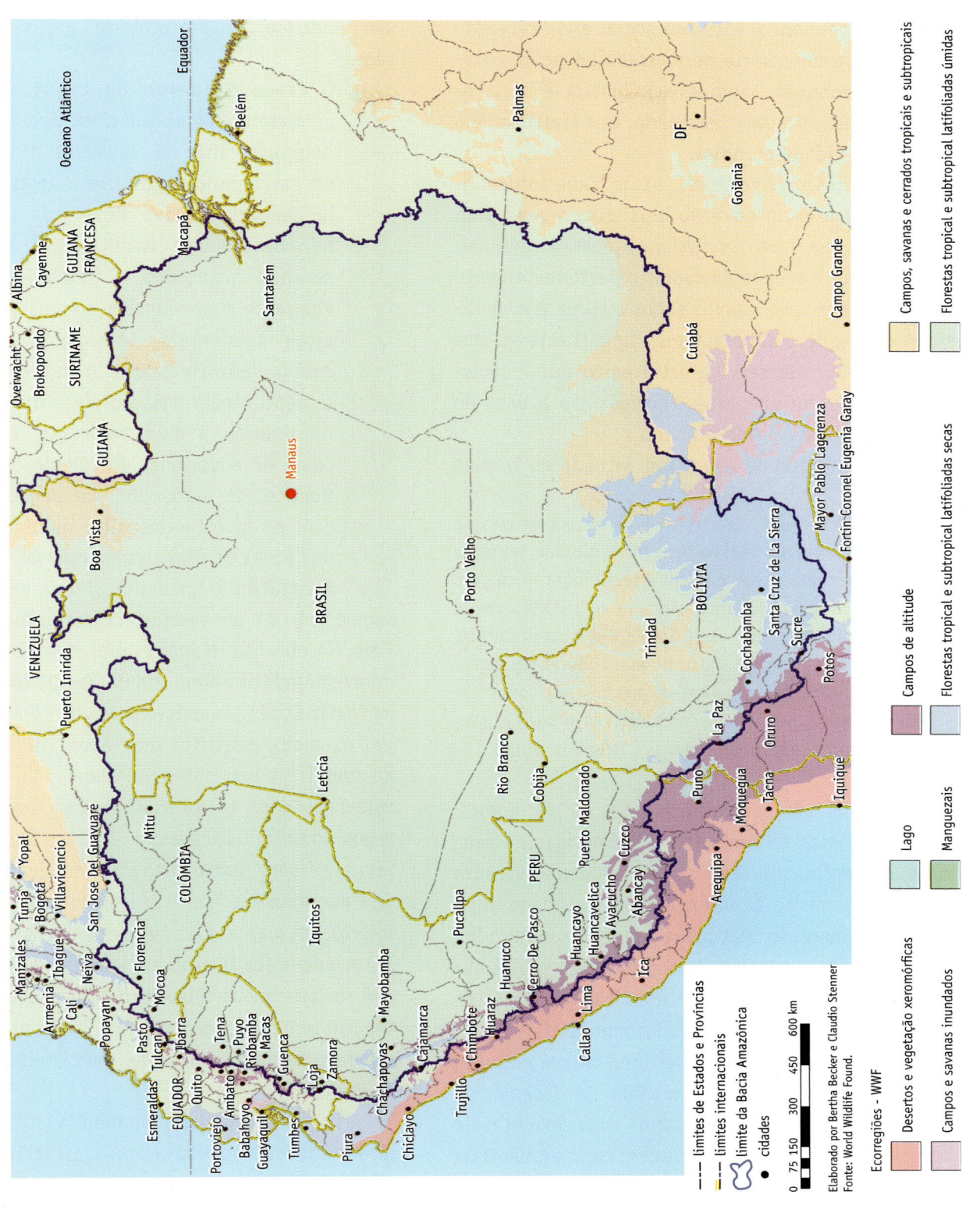

Fig. 5.4 Amazônia sul-americana

Países. Para assegurar um desenvolvimento que envolva crescimento econômico, inclusão social e conservação ambiental, será necessário gerar trabalho novo, agregar valor à produção, mediante indústria e serviços sofisticados com alto valor agregado, que transformem Manaus numa cidade mundial.

Quanto aos serviços ambientais, cabe internalizar na sociedade e no governo brasileiro o seu valor, que constitui um novo *insight* na questão regional. Não se trata mais apenas de sustar o desflorestamento devido às suas conseqüências sobre o clima e a biodiversidade – o que é sobremaneira importante –, mas também garantir um serviço estratégico numa sociedade planetária em que esses serviços são a base do desenvolvimento e da vida humana.

Cidade mundial de novo tipo, situada no trópico e com a

> "marca amazônica, isto é, com as características e peculiaridades da região bem aproveitadas segundo os ditames da melhor ciência e tecnologia, o cálculo econômico mais eficiente, somado ao cuidado social mais persistente e à cautela ambiental mais prudente. Trata-se das vocações naturais mais óbvias da região que, arduamente trabalhadas, permitirão converter em elaboradas vantagens competitivas as suas espontâneas vantagens comparativas". (Mendes, 2002).

Vantagens comparativas Manaus já as possui: posição estratégica na Amazônia sul-americana e seus serviços ambientais, núcleo de comando das atividades vinculadas a formas de manutenção desses serviços, lugar de inovação e mercado. Sua passagem a cidade mundial de novo tipo requer, portanto, a superação de problemas de exclusão que apresenta, e a eliminação dos riscos de sua acentuação contidos nas cidades mundiais.

Só assim Manaus poderá ser uma cidade mundial capaz de assegurar um novo modelo de desenvolvimento para a Amazônia, germinando suas sementes de futuro mediante a valorização dos serviços ambientais e a geração de serviços com alto valor agregado para a produção, consolidando suas indústrias e sua interação com as populações da grande Amazônia.

Desafios para alcançar tal realidade são múltiplos, destacando-se alguns a seguir.

1. O desenvolvimento da C/T&I, em verdadeira revolução científico-tecnológica capaz de embasar o uso do patrimônio natural sem destruí-lo (Becker, 2005a). Revolução que necessariamente inclui, além dos serviços avançados, a produção, a valoração e a valorização dos serviços ambientais, começando por sustar definitivamente o desflorestamento, pela criação de serviços necessários a essa valoração, tais como de advocacia, de cálculo econômico, de marketing, de negociação, de monitoramento e regulação das ações de ONGs, entre outros.

A Amazônia apresenta grande defasagem em C&T em relação ao conjunto do País. No entanto, Manaus apresenta novas oportunidades a serem dinamizadas, como as instituições já mencionadas. O CT-PIM, por exemplo, constitui uma oportunidade de viabilizar seu potencial como pólo na interface com os procedimentos industriais mais sofisticados e produtivos do planeta, com baixo impacto ambiental. Seu planejamento inclui a capacitação em microssistemas e a convergência entre a microeletrônica e a microbiologia, para o que se associou ao CBA, criando bases para um salto qualitativo, qual seja, o desenvolvimento da nanotecnologia, uma fronteira da ciência.

Redes de pesquisa em biodiversidade já organizadas podem suprir a associação CT-PIM/CBA, mas há necessidade de muito mais recursos humanos para avançar nesse processo. Vale a pena enfatizar sementes de futuro quanto a serviços com alto valor agregado para a produção, como: a existência de consultores locais para empresas e da demanda de fornecedores locais pelas empresas (Botelho, 2004).

Enfim, a geração e a gestão do conhecimento são o cerne do desenvolvimento. É fácil deduzir a urgência em avançar na geração de conhecimento sobre a água, os recursos hídricos e suas múltiplas utilizações, inclusive a pesca, a navegação fluvial e a produção de energia. É urgente, também, a geração de conhecimento quanto à intenção de expandir a bioenergia que já se instala na região. A geração de competências técnicas para o setor produtivo, por meio de cursos técnicos ou mesmo de uma universidade técnica, deveria ser implantada.

Por sua vez, a gestão do conhecimento é essencial para articular programas e pesquisas dispersas. Já está cogitada pelo MCT, em sua Secretaria de Políticas e Programas de Pesquisa e Desenvolvimento (Seped), mediante estudos e alteração institucional de seus três grandes projetos para a Amazônia: o LBA (Experimento de Grande Escala da Biosfera-Atmosfera na Amazônia), o Geoma (Rede Temática de Pesquisa em Modelagem Ambiental da Amazônia) e o PPBio (Programa de Pesquisa em Biodiversidade).

2. A integração da Amazônia continental em novos moldes, que não destrua os recursos e os serviços ambientais e gere renda e trabalho, terá também que utilizar um novo modo de produzir, baseado em C/T&I, por exemplo, por meio de redes de pesquisa e ampliação do número de projetos conjuntos na Unamaz (Associação das Universidades Amazônicas); de projetos direcionados para o conhecimento e uso da biodiversidade, da água e da madeira visando à organização da base produtiva; de pesquisas para a implementação de redes técnicas não-impactantes – telecomunicações e informação (ativando o Sipam), energia e navegação fluvial e aérea; de planejamento do uso integrado das cidades gêmeas de fronteira (Fig. 4.2), para onde convergem os fluxos transfronteiriços que constituem embriões de integração.

O MCT deve ter uma presença efetiva na OTCA, cujo plano estratégico (aprovado em Manaus em 14/9/2004) está articulado em quatro eixos: i) conservação e uso sustentável dos recursos naturais; ii) gestão do conhecimento e intercâmbio tecnológico; iii) integração e competitividade regional; iv) fortalecimento institucional.

3. O desenvolvimento de Manaus e da Amazônia, tal como aqui proposto, deverá se basear, em grande parte, em tecnologias avançadas, que permitirão usar os recursos naturais sem destruí-los. É certo, porém, que a tecnologia por si só não poderá responder pelos benefícios sociais para a região. Outros elementos terão que entrar em cena para tornar o discurso uma realidade. O quadro institucional é um deles.

Para muitos autores, são as instituições que determinam o desenvolvimento. Elas constituem imposições criadas pelo homem, que estruturam suas relações, garantindo-lhes certa estabilidade. As instituições são as regras do jogo que influenciam as preferências dos indivíduos e das organizações, e estas são os jogadores.

A verdadeira chave para o desenvolvimento é a organização econômica coordenada e eficiente, que implica arranjos institucionais que incentivem atividades rentáveis nos níveis privado e coletivo. Inovação, economias de escalas, educação, acúmulo de capital etc. não são causas do crescimento – são o crescimento (North, 1990/94). Assim, quanto maior a fraqueza institucional, maiores as incertezas, revelando que a otimização das decisões e ações está relacionada à capacidade de coordenação política das instituições.

O quadro institucional da Amazônia, apesar de mudanças recentes, não alterou a raiz histórica de uma sociedade hierárquica e autoritária dominante no Brasil. Quadro que constitui um freio ao desenvolvimento da cidade mundial tal como aqui proposta. Há que se superar a enorme desigualdade de uma cidade cujo pólo industrial fatura 23 bilhões de dólares/ano e sustenta 100 mil empregos, mas que possui parte significativa de sua população vivendo na pobreza.

A potencialização de instituições capazes de mesclar leis com práticas sociais culturais não formalizadas, conhecimento científico com o conhecimento milenar acumulado por suas populações, forjando um capital social, é uma condição para construir a cidade mundial com a marca amazônica.

4. Tampouco será possível criar a cidade mundial almejada sem superar a desigualdade entre a extrema concentração da população e da riqueza em Manaus (95%) e o restante do território estadual, até agora contando com atividades mínimas e dispersas, e à mercê da forte influência do narcotráfico. Esta é uma característica também de toda a Amazônia sul-americana.

Urge organizar a base produtiva da hinterlândia amazônica fortalecendo o Programa Zona Franca Verde, mais uma vez planejando Manaus com a marca amazônica, isto é, na interface da alta tecnologia com técnicas e práticas sociais associadas à região, para o que é crucial, a formação de empreendedores rurais e urbanos.

Mas este não é um problema só de Manaus, e sim de toda a Amazônia.

Um Futuro Desejado e Possível para a Amazônia

6

É hora de retomar o significado de futuro ao propor um para a Amazônia.

Futuro é entendido como um processo de construção humana, como um tempo refletido, sonhado, desejado. Construção humana a partir de um poderoso recurso estratégico que é a imaginação de cada um. Imaginação que não se reduz a devaneios; ela corresponde a uma forma de consciência.

Nosso projeto para o futuro da Amazônia é baseado na imaginação geográfica que constitui uma consciência espacial, de acordo com Harvey (1980). Consciência entendida como um sentimento interno que aprova as boas ações e reprova as más, envolvendo o reconhecimento das potencialidades e limitações, de alternativas e suas conseqüências. Pensar o futuro é tomar consciência da delicada e complexa relação entre o espaço, o tempo e a sensibilidade humana. O mundo, a Amazônia e seu futuro são filtrados, incorporados, concebidos por meio de nossa consciência espacial.

Embora a consciência espacial esteja fundamentada em valores éticos, e não apenas técnicos, ciência e tecnologia têm papel fundamental na aventura de pensar o futuro, porque são parte integrante da consciência espacial. Não somente porque estão presentes e remodelam continuamente o espaço geográfico, mas, sobretudo, porque o conhecimento do presente alimenta a imaginação geográfica – ou a consciência espacial – sobre o futuro desejado e também possível.

O futuro desejado e possível para toda a Amazônia sul-americana implica constituir esse espaço como a grande fonte de vida no planeta, referente tanto aos elementos da natureza como às populações que nele habitam. Cidades da floresta, estrategicamente localizadas, organizarão a estrutura produtiva da região e garantirão a cidadania plena e as capacidades e habilidades das populações segundo suas culturas, para utilizar os recursos da natureza sem destruí-la, gerando riqueza bem distribuída e condições de vida dignas. A combinação da magnífica dádiva da natureza com as cidades da floresta – centros de convergência do saber tradicional com os mais avançadas conhecimentos científico-tecnológicos, e das infovias de integração regional – será capaz de gerar inovações, inclusive políticas, produzindo um modelo único de região tropical desenvolvida no planeta. E poderá fortalecer a inserção do Brasil e dos países amazônicos no mundo globalizado com autonomia.

Eis o que nossa consciência espacial nos propõe nesse momento, baseada em nosso conhecimento. Conhecimento adquirido em anos de pesquisa sobre a região, que fundamentaram os capítulos precedentes, e conhecimento de fatos do presente portadores de futuro e restrições que influem no futuro desejado e possível e, portanto, devem ser analisados em face das potencialidades e limitações nacionais e regionais. Três seções compõem, assim, este capítulo: fatos portadores de futuro no contexto da globalização, em suas relações com a Amazônia e o Brasil; impasses nacionais e regionais a superar e, finalmente, o território amazônico desejado e possível.

Nossa consciência espacial nos alerta para as incertezas e imprevisibilidades quase cotidianas de um planeta marcado pela velocidade das transformações. O que não nos impede de exercitá-la, pois que, como processo, o futuro pode ser também conseqüência de ações e decisões pensadas no presente.

6.1 Fatos Portadores de Futuro no Contexto da Globalização

Esta seção utiliza várias passagens contidas em textos elaborados para o Centro de Gestão e Estudos Estratégicos (CGEE).

Fatos portadores de futuro no processo de globalização são quase imperativos, sobre os quais pouco se pode influir. Mas é possível alterar criativamente as relações com esses fatos, razão pela qual é essencial conhecê-los, pois que podem se constituir como sementes do futuro.

Entre os mais importantes a considerar, alguns são apontados a seguir.

6.1.1 População e Urbanização

Em 2027, a Terra terá cerca de 8 bilhões de habitantes – aproximadamente 2 bilhões a mais que hoje – e a maioria viverá em cidades, constituindo tendência fundamental do futuro do planeta. No Brasil e na Amazônia, prevê-se uma menor proporção de jovens e uma maior proporção de população na idade ativa, de grande importância para o desenvolvimento.

O processo de urbanização avançará com o crescimento da rede de cidades mundiais e com a formação de cidades-região, que englobam grande número de cidades de tamanho variado, conectadas em rede e constituindo malhas densas de relações. Conectividade torna-se a palavra chave para a reestruturação do planeta em rede.

O processo de ocupação da Amazônia revela que é a estrutura produtiva em rede a melhor alternativa para o seu desenvolvimento. As articulações de fluxos foram sempre privilegiadas, apenas utilizando pontualmente os lugares para a extração de produtos. *A floresta urbanizada* é a maior expressão desse processo, concentrando a população em pontos, sem atividade econômicas territoriais contíguas na massa florestal.

Hoje, 72% dos 24 milhões de amazônidas vivem em cidades e vilas extremamente carentes em serviços para a população e a produção. Novos processos e formas urbanos estão se configurando na região com a formação de cidades-região em diferentes escalas, que deverão ter um papel central na dinâmica econômica regional. Por outro lado, inúmeras iniciativas sociais ditas "comunitárias" são novos embriões urbanos na região.

Tais iniciativas têm origens e atores diversos. O narcotráfico, por exemplo, vem promovendo o crescimento de várias cidades na região (Machado, 2003). O PPG7 e seus parceiros financiadores e, sobretudo, a rede de ONGs, têm apresentado um papel central na mobilização e articulação da sociedade civil. Alguns nucleamentos de projetos demonstrativos (PDA) importantes formaram-se como resultado de um processo cumulativo de ações, a partir de iniciativas de colonização dos anos 1970 e fortalecidos pelo PPG7.

São duas as questões que permanecem: como equipar as cidades para estimular o desenvolvimento e como garantir a sustentação dessas iniciativas ao findar o financiamento e as colaborações internacionais. Ao que tudo indica, sua dinamização poderá ser realizada mediante sua conexão em rede, para lhes atribuir uma escala mínima capaz de garantir a permanência no tempo.

6.1.2 Ciência, Tecnologia e Inovação

C/T&I terão espetacular avanço nos próximos anos, constituindo um fator de importância maior no processo de globalização. Integração de disciplinas, evolução nas taxas de inovação, rápida redução do tempo entre as descobertas e suas aplicações, entre os laboratórios e a produção comercial, terão impactos profundos na saúde, na segurança, nos negócios e no comércio.

O aperfeiçoamento do Sistema Nacional de C/T&I é urgente, sobretudo na Amazônia, onde há também que incorporar o saber das populações tradicionais. Trata-se de uma condição *sine qua non* para viabilizar a potencialidade da Amazônia por duas razões: i) a utilização dos recursos demanda um novo paradigma de C/T&I, capaz de organizar a base produtiva sem destruir a natureza; ii) o rápido avanço da C/T&I mundial poderá, em curto prazo, substituir os recursos naturais pelos sintéticos, reduzindo o seu valor atual.

Trata-se, assim, de um condicionante básico para viabilizar o desenvolvimento, perpassando todas as ações para esse fim, incluindo a educação da população e a formação de empreendedores na Amazônia.

Somente atribuindo valor econômico à floresta, será ela capaz de competir com as *commodities* e permanecer em pé. E somente uma revolução científico-tecnológica (RCT) será capaz de utilizar os recursos da floresta em pé sem destruí-los (Becker, 2005a). Trata-se de gerar uma economia da floresta baseada num novo paradigma tecno-científico, que não se reduza a meras técnicas, mas, sim, perpasse todos os componentes de uma estratégia de desenvolvimento regional.

Uma universidade nova, baseada numa visão transdisciplinar, com íntimo diálogo entre as ciências ditas duras e as ciências humanas; a criação descentralizada de novos centros universitários e de pesquisa, necessários para superar o déficit regional em C/T&I, assim como a articulação dos conhecimentos obtidos entre os centros nacionais e os demais da Amazônia sul-americana, fortalecendo a Unamaz, são medidas necessárias e urgentes.

A formação de empreendedores capazes de gerar inovações sociais baseadas na cultura local é também essencial. Numa sociedade onde a escravidão e a inacessibilidade aos direitos de cidadania perduraram por tão longo tempo, as populações não tiveram chance de desenvolver sua criatividade. Ramos técnicos nas universidades, articulação dos componentes do sistema S (Sebrae, Senac, Senai etc.) podem e devem ser desenvolvidos com essa finalidade, juntamente com o fortalecimento dos *campi* avançados das universidades, uma inovação crucial.

Enfim, combinar, em curto tempo, avanços na fronteira da ciência, na industrialização, na capacitação humana, formação de empreendedores e inovação social é o grande desafio que se coloca para a RCT na Amazônia.

6.1.3 Mercados

O crescimento da economia mundial deverá manter níveis similares aos observados nos últimos 30 anos, graças ao aumento de produtividade e à crescente demanda de economias emergentes, como a China. Simultaneamente crescerá o mercado brasileiro, impulsionado por políticas orientadas para o consumo de massa.

Tal crescimento oferece amplas perspectivas para a valorização dos recursos naturais da Amazônia, na medida em que haverá grande demanda de energia, água potável e outros produtos, alimentares e farmacêuticos. A demanda de energia aumentará em torno de 60% em relação a 2000, e se baseará ainda no carvão, no petróleo e, sobretudo, no gás, mas incluirá crescente participação das fontes renováveis (biomassa, nuclear, eólica, solar etc).

Nesse contexto, o Brasil e, sobretudo, a Amazônia, têm vantagens comparativas, com uma matriz energética limpa em que predomina a hidroeletricidade e a agroenergia, e com condições privilegiadas para a produção de biocombustíveis.

A potencialidade de desenvolvimento da Amazônia é, portanto, enorme no contexto das próximas décadas. A sua viabilização, contudo, é fortemente constrangida por outras pressões globais e condicionantes nacionais.

No momento, a força do mercado global incide na Amazônia induzindo a organização da exportação de algumas *commodities*, com grandes lucros que não são internalizados na região e acarretam graves problemas ambientais e sociais.

Nos contrafortes andinos interioranos, a selva alta, domina ainda o narcotráfico. Na "selva baja", Amazônia florestal da planície, expandem-se rapidamente a exploração do petróleo e a madeireira – que, associada à expansão brasileira no Mato Grosso e nos altos cursos do Javari (Acre), torna a exploração predatória e o contrabando da madeira uma das mais importantes economias da grande Amazônia. A exportação da soja e da carne pelo Brasil, a partir da produção, no cerrado, entrando firmemente em áreas florestais e se expandindo pela Bolívia, é outro mercado essencial na Amazônia.

Todos esses mercados são comandados por corporações globais que geralmente terceirizam a produção para produtores pequenos e médios, que se tornam dependentes do financiamento corporativo. Os lucros dessa produção, à qual não se agrega valor localmente, permanecem na mão dos exportadores e *tradings*, dos quais pouquíssimos não trazem benefícios para a região.

Se as grandes corporações da agroindústria e do extrativismo impulsionam o desmatamento, o mercado de bens naturais, pelo contrário, visa utilizar os recursos naturais num novo patamar. Entre eles, destacam-se os serviços ambientais por meio da troca de cotas de emissões de carbono. Esse é um interesse dos grandes bancos financiadores desse mercado, que não têm conseguido, até agora, vencer as fortes investidas das corporações globais.

Cabe aos governos e às sociedades dos países amazônicos regular esses mercados e monitorá-los para sustar o desflorestamento e internalizar – potencializando – a riqueza da região como uma questão não só de sobrevivência, mas de desenvolvimento.

6.1.4 A Força da Natureza: o Aquecimento Global

São patentes sintomas do aquecimento do planeta o derretimento de geleiras, a redução da precipitação em neve e as ondas de calor.

Reconhecem-se três principais forças de transformação que atuam sobre o equilíbrio dinâmico da atmosfera na Amazônia (Salati, 2001) e no planeta em geral: i) variações climáticas globais, decorrentes de causas naturais e inerentes a mudanças da natureza que ocorrem em longos ciclos geológicos e contra os quais pouco ou nada se pode fazer; ii) mudanças climáticas de origem antrópica decorrentes de alterações no uso da terra dentro da própria região – no caso da Amazônia, diretamente ligadas ao desmatamento de sistemas florestais para transformá-los em sistemas agrícolas e/ou pastagem, liberando grande volume de carbono para a atmosfera; iii) variações climáticas de origem antrópica decorrentes de mudanças climáticas globais provocadas por ações humanas em atividades que emitem gases de efeito estufa, como o uso industrial de combustíveis fósseis – carvão, petróleo –, a prática de queimadas e desmatamento etc.

São as emissões de carbono pelo uso do carvão e do petróleo nos países desenvolvidos do hemisfério Norte as maiores responsáveis pelo efeito estufa, e é este fato que está induzindo à corrida pela busca de uma nova matriz energética, renovável. As queimadas na Amazônia, contudo, colocam o Brasil entre os grandes emissores de gás carbônico, como já assinalado. E, segundo alguns, a Amazônia desempenha um papel importante no ciclo de carbono planetário e pode ser considerada como uma região de grande risco do ponto de vista das influências na mudança climática (Nobre *et al.*, 2007).

Intenso esforço vem sendo realizado pelos cientistas para avaliar as tendências do aquecimento global e seus efeitos na Amazônia, que é submetida tanto a pressões diretas, advindas do desmatamento e dos incêndios florestais, como a pressões resultantes do aquecimento global.

Na verdade, até o momento os dados são bastante contraditórios. Segundo o Relatório da Quarta Avaliação do IPCC (2007), se as tendências de emissões se mantiverem, os modelos climáticos indicam que até o final do século XXI poderá ocorrer aquecimento de até 6ºC em algumas regiões do globo, com probabilidade de aumento entre 2ºC a 4,5ºC da temperatura média global durante o século, e é muito improvável que seja inferior a 1,5ºC. Mesmo no cenário de baixas emissões, as projeções dos diversos modelos do IPCC indicam aumento de temperatura, sobretudo no hemisfério Norte. Já outros modelos para a América do Sul concluíram que, entre 2071-2100, em relação ao período 1961-1990, maior aquecimento ocorrerá na Amazônia, com aumento de 4-8ºC a 3-5ºC (Ambrizzi *et al.*, 2007).

A ciência, portanto, ainda não conseguiu precisar quão próximo estamos de um ponto de ruptura do equilíbrio dos ecossistemas e mesmo grande parte do bioma amazônico. "Mas, o princípio de precaução nos aconselha a levar em consideração que tal ponto de ruptura pode não estar distante no futuro", o que traria conseqüências adversas permanentes para o planeta Terra (Nobre *et al.*, 2007, p. 25).

No Brasil, devem-se considerar os riscos potenciais de elevação do nível do mar, tendo em vista a enorme concentração da população e da vida econômica no litoral, sugerindo a interiorização do povoamento. Ilhas como Marajó e cidades à mercê de oscilações marinhas como Recife poderão ser, em parte, submersas.

Três certezas podem ser asseguradas quanto à Amazônia no quadro de incertezas dominante:

1. Não sucumbir à visão apocalíptica de desastre fatal e iminente, mas também não permanecer alheio à questão;
2. Conter decisivamente o desflorestamento e as queimadas de modo a eliminar a emissão de gases de efeito estufa. E, como já referido no Cap. 2, a forma mais eficaz de efetuar essa contenção é a atribuição de valor econômico aos produtos da floresta, para que possa competir com as *commodities*;
3. Proteger os serviços ambientais da Amazônia florestal sul-americana é precaução inerente à contenção do desmatamento. Esses serviços envolvem a absorção de gases de efeito estufa com grande benefício para o planeta, bem como informação e conhecimento sobre a vida contidos na biodiversidade e manutenção dos recursos hídricos. Sua proteção implica em grande avanço no conhecimento sobre direito internacional, regulação econômica e financeira, e reorganização do quadro institucional, entre outros campos. Nesse sentido, Manaus, cuja localização é estratégica na Amazônia sul-americana, deve se tornar o grande centro gestor dos serviços ambientais, como já assinalado.

Vale a pena frisar que a anunciada escassez da água não é um imperativo da natureza, mas, sim, sobretudo um problema decorrente do padrão de consumo, do planejamento e da gestão dos recursos, isto é, um problema associado às ações humanas.

No caso da Amazônia, em que há abundância de água doce – 20% do total global –, o desafio que se coloca é o do planejamento e gestão de seu uso múltiplo, que deve começar por promover abastecimento à população, seguindo pelo planejamento integrado da energia e da circulação.

6.1.5 Contexto Geopolítico

Uma importante feição da globalização situa-se na dimensão política das relações entre Estados. Em que pese o fortalecimento de instituições multilaterais e suas pressões para reduzir a soberania dos Estados, o sistema de Estados ainda tem papel relevante no cenário mundial. E as maiores potências tendem a dominar as instituições multilaterais por meio da definição de suas agendas.

O contexto que se configura nas próximas décadas é característico do caos sistêmico que precede a mudança de hegemonia, disputada por varias potências. Tal contexto terá efeitos no Brasil e na Amazônia. Trata-se do declínio relativo da economia norte-americana, embora os Estados Unidos ainda mantenham o poder militar; do esforço intenso da Europa em consolidar a União Européia e manter a sua influência econômica e política; e da ascensão da China como potência econômica e no aumento do seu poder militar, expresso este recentemente num míssil que atinge diretamente os satélites.

Manter uma posição de equilíbrio na América do Sul, como o Brasil está mantendo, tem altos custos políticos e econômicos, mas é uma decisão correta, em princípio. O país necessita fortalecer a integração sul-americana por razões econômicas e políticas. Mas necessita também manter suas relações com as potências – Estados Unidos e União Européia –, porque é, talvez, o único interlocutor sul-americano em condições de fazê-lo, e porque seu projeto de se transformar num país tropical desenvolvido assim o impõe. Tal posição, para ser fortalecida, inevitavelmente necessitará implementar ações concretas para alcançar um desenvolvimento autônomo.

O problema da governabilidade não se esgota na questão da hegemonia. O incremento da conectividade global por meio das múltiplas redes acarretará interações mais intensas e rápidas. No que tange à governabilidade dos Estados, desafios se acentuarão por meio de maior cooperação internacional, sobretudo quando houver interesse de organizações complexas e redes transnacionais ligadas a grupos privados ou grupos de interesse com forte poder de pressão. Destaca-se a importância da internacionalização crescente dos movimentos sociais que têm no Fórum Social de Porto Alegre o seu símbolo maior e na América Latina um forte campo de organização. O relativo fracasso em Nairóbi (janeiro/2007) não eliminará a força desses movimentos que, graças à internet, mudaram sua estratégia para múltiplas ações dispersas, mas continuarão organizados. Não será excessiva a hipótese de que valores sociais e políticos socializados possam reduzir a ênfase no mercado hoje dominante. E os Estados terão que se ajustar a esse desafio.

A Amazônia tem uma importância geopolítica maior pela dotação de recursos naturais, a biodiversidade – onde está codificada a informação sobre a vida, base da biotecnologia e da engenharia genética –, a água, a extensão de terras e o saber das populações tradicionais para lidar com o trópico úmido. Acresce sua posição estratégica central em relação aos grandes blocos mundiais de poder (Becker, 2005a).

A região tornou-se, assim, uma fronteira do capital natural, da ciência, além de fronteira agropecuária na sua borda e, hoje, há tensões para torná-la uma fronteira energética baseada na agroenergia e na hidroeletricidade.

Os conflitos de interesse quanto à Amazônia se fazem sentir por meio de fortes pressões nacionais e internacionais, acentuadas pela presença de novos atores na região, que afetam o exercício da soberania brasileira sobre ela.

Em nível internacional, são várias as formas de coerção, tais como: i) o poder de agenda, isto é, a imposição de agendas que determinam o que vai ou não ser discutido; ii) a ingerência externa que, por meio da mídia, difunde a idéia da necessidade de internacionalizar a Amazônia ante a incapacidade do governo em cuidar dela; iii) ratificação de acordos internacionais para redução do aquecimento global e preservação ambiental; iv) restrições aceitas via ajuda econômica e técnica dada, sobretudo, pelo Banco Mundial e bancos e agências técnicas alemães.

A ajuda econômica e técnica faz parte da cooperação internacional, que envolve também projetos de pesquisa multilaterais. Estes certamente colaboram para o conhecimento da região, mas também constituem influência externa na medida em que financiam a pesquisa e têm forte poder de agenda.

Mas são as ONGs os mais ativos agentes da cooperação internacional, realizando a interconexão das arenas políticas nacional e internacional. Trabalham diretamente com a população e exercem forte influência política, alcançando grande autonomia na região. Caracterizam-se por sua organização em redes transnacionais, destacando-se a Holanda, a Alemanha e os Estados Unidos como seus maiores financiadores. Sua existência está vinculada à proteção do meio ambiente e à defesa das populações excluídas. No momento (2006-7), elas têm apresentado uma forte ação contra a construção das hidrelétricas do Madeira e de Belo Monte. Mas, estranhamente, não têm apresentado reação contra a IIRSA e os novos corredores de exportação que cortarão a floresta. Volta e meia são acusadas de "laranjas" para a compra de grandes extensões de terra na Amazônia. A dificuldade em obter dados sobre seus financiadores e parceiros gera um clima de incertezas sobre as acusações que sobre elas pesam.

Embora empunhando a mesma bandeira, e tentando fortalecer uma ação conjunta, as ONGs não formam um todo homogêneo, diferindo quanto ao seu objetivo, modo de atuação e transparência. Critérios para sua diferenciação devem levar em conta o grau em que suas agendas são definidas pelos países centrais, indicador de sua atuação geopolítica.

Nesse contexto, é licito refletir sobre a mudança de natureza da soberania, e enfatizar, sobretudo, a autonomia.

6.1.6 Conclusão

Os fatos portadores de futuro globais não são desfavoráveis ao desenvolvimento do Brasil e da Amazônia. Entre as oportunidades que se abrem, vantagens competitivas que o país e a região terão nas próximas duas décadas, destacam-se a oferta diversificada de recursos naturais e o grande contingente de população ativa.

Mas o processo de globalização também indica limites temporais, abrindo grandes oportunidades apenas em um curto espaço de tempo, após o qual será outro o cenário em face do desenvolvimento científico-tecnológico, que poderá reduzir o valor ou mesmo tornar obsoletos os recursos naturais. A tecnologia modifica o valor de um recurso natural, e produtos sintéticos, artificiais, "fabricados" em laboratórios, têm expansão crescente.

O contexto futuro delineado ensina que, para aproveitar essa oportunidade única, coloca-se o desafio de um novo padrão de desenvolvimento regional e, mesmo, nacional, superando o atraso científico-tecnológico e a baixa qualificação da população ativa, além de restrições inerentes às especificidades nacionais e regionais do desenvolvimento, historicamente forjadas.

6.2 Impasses Nacionais e Regionais a Superar

A par da educação e C/T&I que deverão germinar como sementes de futuro, impasses específicos do desenvolvimento correspondem a componentes estruturais difíceis de superar, porque inerentes à formação e trajetória do país e da Amazônia. Mas, ao contrário dos processos globais imperativos, admitem possibilidades de ação, uma vez que dependem, em grande parte, de escolhas políticas.

Três desafios devem ser considerados para esse fim:

1. Distanciar-se das previsões internacionais, tendo em vista uma interação autônoma com o processo de globalização. O fato de o processo de globalização conter poderosos fatos portadores de futuro, exigindo que os Estados dele participem, não significa submissão às formas de suas imposições. O modo de interação nesse processo depende de condições e das decisões políticas de cada país;
2. Reconhecer que o fator tempo é crucial, exigindo rapidez acelerada na tomada de decisões e sua implementação, para tirar partido das condições vantajosas únicas que se oferecem nos próximos 20 anos;
3. Saber lidar com um território que apresenta uma oferta diversificada para continuidade do desenvolvimento autônomo, tendo em vista que o território é produto e condicionante de ações humanas.

Grandes impasses estruturais nacionais e regionais a serem superados para o futuro da Amazônia são destacados a seguir.

6.2.1 Desigualdades Sociais e Regionais e a Questão Fundiária

As desigualdades sociais e regionais constituem o grande desafio a ser vencido e o objetivo maior do desenvolvimento no Brasil. Se elas são generalizadas no país, no que tange à renda, saúde e educação, apresentam, contudo, feições regionais diferenciadas. É na Amazônia que perdura com maior vigor o problema estrutural histórico da sociedade brasileira da apropriação da terra com intensos conflitos e violência.

Durante séculos as terras na região tinham apenas valor de uso. Os ciclos devassadores pouco modificaram o domínio natural da floresta até o início da década de 1960, a não ser pela expulsão dos grupos indígenas, cujos remanescentes localizam-se, predominantemente, nas áreas de fronteira política e nos vales do Solimões-Juruá-Purus.

Possuir terra era essencial como base de poder e *status* social – como patrimônio –, mas ela não tinha valor como mercadoria, não se verificando grandes conflitos de territorialidade. A grande maioria dos seringalistas não tinha título de propriedade da terra; suas imensas posses eram baseadas em arrendamento de terras devolutas.

É com a chegada dos novos atores do Centro-Sul, nos anos 1960, que a legitimidade das posses passa a ser desrespeitada, configurando a questão fundiária, que passou a ser central. A terra adquire valor como mercadoria e os conflitos por sua apropriação se intensificam em verdadeira escalada; "sulistas" contra antigos seringalistas, castanheiros, e contra pequenos produtores provenientes do Nordeste; a seguir, amplia-se a escala e acelera-se o tempo dos conflitos que, em áreas valorizadas por recursos minerais e/ou proximidade das estradas, passam a ser conflitos de territorialidade entre grupos econômicos, grupos de colonos, posseiros e índios.

Nesse contexto, mesmo ribeirinhos localizados em áreas afetadas pela expansão da fronteira, que tradicionalmente viviam dispersos, passaram a almejar a propriedade da terra.

À histórica tradição colonial patrimonialista associou-se o moderno valor da terra como mercadoria, tornando a Amazônia uma área de violentos conflitos fundiários que até hoje perduram.

Quem sai perdendo nesses conflitos são sempre as populações tradicionais e os produtores familiares. Tal situação decorre, em grande parte, do fato de que são poucos os empreendimentos e setores de produção estruturados e integrados sob a forma de cadeias produtivas completas na Amazônia, capazes de gerar trabalho e renda.

Iniciativas governamentais para a solução do problema têm repousado na alocação de populações em Projetos de Assentamento de vários tipos. É forçoso dizer que eles não têm alcançado resultados positivos. Localizadas em meio à floresta, sem acessibilidade a mercados, e só podendo produzir em 20% dos lotes – o restante, por lei, deve permanecer como floresta – e sem técnicas adequadas, as populações assentadas têm respondido a essas perversas condições pelo abandono dos lotes, ou pela sua venda a grileiros, deslocando-se para novas paragens.

É verdade que o esforço de pesquisa e de implementação de projetos vem gerando também iniciativas em pequena escala, por meio das quais se desenvolvem novas e antigas atividades econômicas ao lado ou nas fímbrias dos sistemas agropecuários convencionais. Esses circuitos representam as novas bases técnicas de antigos sistemas produtivos, e mesmo a introdução de processamento industrial, no caso da bioindústria como visto no Cap. 2. Constituem potencial econômico, sendo indutores de novas tecnologias e práticas, combinando técnicas ancestrais e conquistas avançadas da ciência e tecnologia aplicada ao aproveitamento dos recursos naturais (Costa, 2007). Ainda embrionários, não conseguem fazer face à logística empresarial, mas são sementes de futuro, e revelam que atividades consolidadas superam os conflitos fundiários.

A questão fundiária coloca os desafios de organização das cadeias produtivas e o institucional como dos maiores a serem enfrentados para o desenvolvimento regional e, portanto, também pela C/T&I. Tendo em vista que os conflitos ocorrem em áreas de expansão do povoamento na floresta, uma alternativa seria não mais conceder título de propriedade de terra, mas somente concessões a serem renovadas mediante cumprimento de metas estabelecidas.

6.2.2 Logística: Redes e Cidades para Conectar o Território

A logística deverá constituir um sistema de vetores de produção, circulação e processamento da produção, condição não apenas do desenvolvimento e da coesão nacionais, mas da aceleração de seu ritmo, o que é crucial para o País. Ela constitui uma das variáveis fundamentais da reestruturação do território.

O sistema de vetores envolve as múltiplas redes que sustentam cada um deles e a todos, como é o caso das redes de serviços básicos, serviços avançados de informação/comunicação, de financiamento, de energia e armazenagem. É a conectividade entre as redes que produz uma malha territorial integradora. Redes nascem e se difundem nas cidades, razão pela qual são elas o centro do sistema logístico (Becker *et al.*, 2006). A conectividade global é, hoje, um fator crucial na reorganização das redes urbanas nos países, gerando cidades-região constituídas por cidades conectadas em rede que mantêm sua centralidade, processo também denominado policêntrico, bem pouco estudado no Brasil.

Medidas amplas e urgentes serão necessárias para construir sistemas logísticos no Brasil, superando suas condições atuais de carência e má condição das redes de transporte, o risco da falta de energia e a forte concentração territorial de todas as redes na região Sudeste-Sul, única a possuir uma efetiva malha integrada de redes e portos litorâneos. E a distribuição territorial das redes é um componente da exclusão da Amazônia florestal e do Nordeste semi-árido.

Tal padrão espacial decorre de múltiplos fatores que tendem a se perpetuar sob formas modernas, em decorrência da trajetória econômica e política do Brasil. Entre eles, destacam-se a ênfase numa economia voltada dominantemente para a exportação, a forte desigualdade socioeconômica regional, a baixa produtividade em amplas áreas decorrentes de um crescimento econômico extensivo, e o quadro institucional que não favorece as mudanças necessárias.

O planejamento da logística como base do desenvolvimento acelerado terá que enfrentar os fatores que geram o atual padrão de distribuição territorial e estabelecer termos de diálogo entre o imperativo das demandas sociais e o imperativo da interação competitiva autônoma no processo de globalização, estendendo as redes de serviços básicos, bem como as de apoio à produção, redes urbanas policêntricas – sem destruir o meio ambiente.

É essencial também a antecipação do planejamento da integração sul-americana, para evitar que se reproduzam os padrões de carência e concentração/fragmentação já esboçados no Cone Sul, bem como fatores degradantes do meio ambiente, sobretudo no caso da Amazônia.

Multimodalidade em transporte e energia, ênfase em infovias e capilaridade são elementos essenciais na logística para a Amazônia, tal como visto no Cap. 4, bem como novos processos urbanos com formação de cidades-região que constituam uma escala mesorregional propícia ao planejamento.

Reestruturação tão ampla e essencial da logística exige vontade política e recursos financeiros. O papel do Estado na Amazônia é essencial em dois níveis. Primeiro, a ele cabe assegurar a extensão e a qualidade das redes de serviço público, inclusive da segurança; das redes de energia, com a Petrobras e a Eletrobrás; e da agropecuária tropical pela Embrapa – praticamente as únicas empresas que permaneceram estatais após o processo de privatização. Segundo, ao Estado cabe exercer uma regulação firme nos campos estratégicos concedidos ao setor privado, sobretudo nos transportes e telecomunicações. A consolidação da parceria público-privada, com definições claras das competências, direitos e deveres, é uma condição para viabilizar uma nova logística no país e na Amazônia. Não menos importante é assegurar a logística do pequeno para evitar que a Amazônia se transforme em apenas um corredor de transporte de produtos agrícolas e minerais, possibilitando uma inserção social mais ampla.

6.2.3 Integração Física da América do Sul

O projeto da integração sul-americana é antigo e tornou-se uma prioridade do governo. Ganhou fôlego nas últimas décadas com a orientação de criar mercados supranacionais como o Mercosul, a proposta da ALCA e o Tratado de Cooperação Amazônico, de 1978, elevado a um novo patamar com a sua transformação, em 1998, em Organização do Tratado de Cooperação Amazônica (OTCA), com vistas a uma cooperação multifacetada.

As negociações políticas no Mercosul e na OTCA conseguiram adiar a proposta da Alca. Mas os ajustes entre países que historicamente estiveram de costas entre si, orientados exclusivamente para o exterior, e em diferentes níveis de desenvolvimento, são difíceis e demorados.

Enquanto se debate a questão, iniciativas institucionais de integração se implementam, sejam nacionais – como o Programa de Aceleração do Crescimento (PAC) –, sejam internacionais.

Processos de integração espontâneos ocorrem nas cidades gêmeas localizadas ao longo de toda a fronteira norte (Fig. 6.1 – Mapa Faixa de Fronteiras), em geral baseados no contrabando e no narcotráfico, bem como na perambulação de grupos indígenas, própria da sua cultura. Por sua vez, estradas não oficiais abertas pelos fazendeiros se multiplicam, como visto no Cap. 1.

Duas iniciativas institucionais muito diversas, já comentadas, estão em curso: os projetos para a gestão da água e a IIRSA.

Se a integração socioeconômica e política do continente tenderá a ocorrer mais a longo prazo, a integração física poderá ocorrer em prazo mais curto, com os riscos apontados no Cap. 4.

O princípio básico da IIRSA é o regionalismo aberto, com o objetivo de reduzir ao mínimo as barreiras internas ao comércio, os gargalos na infra-estrutura e nos sistemas de regulação que sustentam as atividades produtivas de escala continental. Eixos de integração e desenvolvimento favorecendo o acesso a zonas de alto potencial produtivo constituem as bases territoriais da iniciativa para melhorar a competitividade continental.

Certamente, a carência de infra-estrutura na América do Sul é notável, e os eixos da IIRSA poderão contribuir para a integração plena de região. Mas há fatores perversos a considerar. O transporte em si, isoladamente, não é fator de desenvolvimento, favorecendo o crescimento dos pontos conectados, mas não da área situada ao longo do eixo. A preocupação maior com o acesso às zonas de alto potencial produtivo e com a competitividade global é outro fator que pode contribuir para acentuar a desigualdade num continente já por ela marcado. Por fim, a implantação de rodovias nos ecossistemas amazônicos, sem os cuidados necessários, tende a ser, como já suficientemente demonstrado pela experiência, problemática e patrocinadora de desastres ambientais.

Visões internacionais sobre o futuro são bastante otimistas para a América do Sul. No entanto, são reconhecidas também diferenças regionais crescentes em nível da democratização, da redução do desemprego, da produção e do desgaste das instituições políticas associado à guerrilha, a fortes migrações entre Estados, gerando instabilidade, sobretudo nos países andinos.

A integração sul-americana, na qual se inclui a Amazônia, é necessária num planeta em que se configuram grandes blocos econômicos regionais. Para o Brasil, ela é essencial em termos econômicos – sobretudo no que se refere à complementaridade energética – e para fazer ouvir as vozes dos países sul-americanos no contexto global. No que tange à Amazônia, projetos conjuntos para valorizar os serviços ambientais e para utilizar os recursos naturais com um novo paradigma científico-tecnológico são fundamentais.

Vale lembrar que uma estratégia pautada na infra-estrutura, com tamanhos riscos de desigualdade, não se coaduna, de imediato, com uma estratégia brasileira, que deve ter como base a superação das desigualdades sociais e regionais. A integração do continente precisa avançar em outras dimensões, sob pena de que o esforço de integração continental não prospere na construção de um caminho de desenvolvimento compartilhado com os demais países vizinhos e reproduza uma infra-estrutura socialmente excludente.

De qualquer modo, esse processo resulta no fato de que hoje não é mais possível deixar de pensar e de agir na escala da Amazônia sul-americana.

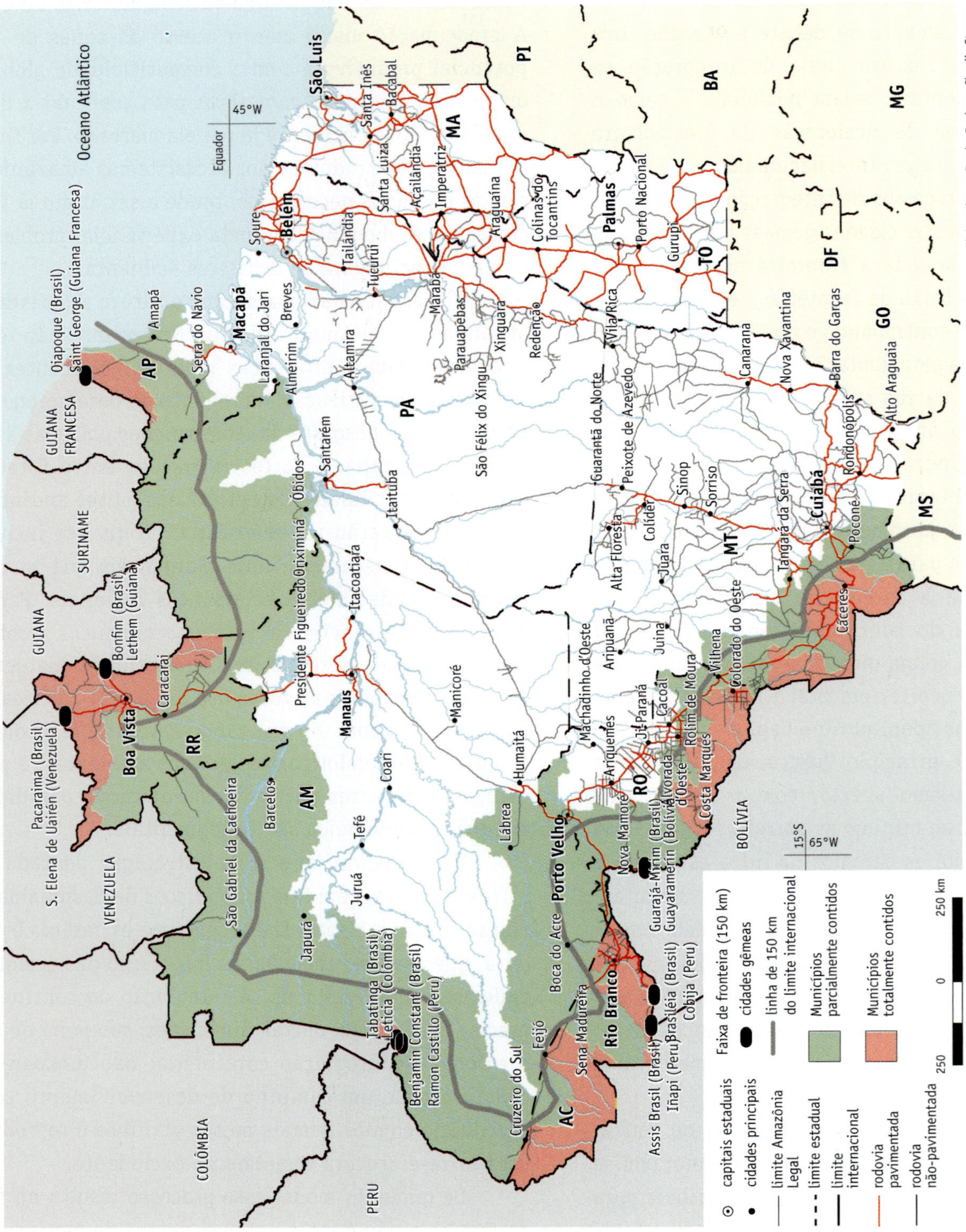

Elaborado por Bertha Becker e Claudio Stenner
Fonte: IBGE.

Fig. 6.1 Amazônia Legal – faixa de fronteiras – 2003

6.3 Um Território Regional para o Futuro

É no território que estão inscritos os processos em curso na Amazônia brasileira. E o território oferece também possibilidades para o futuro. A Amazônia nunca foi homogênea, e sua heterogeneidade foi intensamente acentuada no último meio século.

Um olhar atual sobre a Amazônia revela um quadro "pós-moderno", expressão da complexidade que a caracteriza e que, normalmente, é negligenciada.

Nesse imenso território coexistem no presente agentes representativos de tempos e espaços diversos. Inúmeros grupos indígenas – alguns ainda não contactados pela sociedade organizada; seringueiros e ribeirinhos e seu saber tradicional, dispersos em massas florestais com riquezas ainda desconhecidas, ao lado de metrópoles, cidades antigas que concentram mais de um milhão de habitantes, onde se instalam modernas formas de conhecimento e produção; produtores familiares tradicionais, esparsos ou com densidade expressiva apenas em locais singulares, ao lado de outros terceirizados por uma agroindústria com produtividade elevada; e intensos desmatamentos, acompanhados de violência social e ambiental, estendem a agropecuária capitalizada na borda da floresta, reproduzindo, sob formas modernas, a ganância estrutural pela apropriação da terra.

O avanço do cinturão soja-boi sobre a floresta e mesmo em Áreas Protegidas, e a incapacidade destas em gerar trabalho e renda, demandados crescentemente pela população regional, indicam o esgotamento do modelo de preservação ambiental dominante na década de 1990. Modelo que tampouco permite à região enfrentar os imperativos globais e os impasses nacionais e regionais.

O desafio que se coloca é o aproveitamento dessa diversidade como potencial para organizar a base produtiva regional e gerar trabalho e renda segundo o princípio ético de respeito às suas populações e à natureza. Trata-se de eliminar a falsa dicotomia entre conservação e desenvolvimento, desafio que não é, de modo algum, trivial, pois que demanda estratégias de fortalecimento dos componentes da diversidade e de sua conectividade.

Grosso modo, o povoamento regional acompanha os eixos de circulação – os vales e as estradas, situadas estas na borda da floresta –, onde estão concentrados a população, os investimentos, as cidades e as políticas públicas. Cortam grandes áreas florestais com baixa densidade demográfica, que apenas recentemente tornaram-se preocupação das políticas públicas e da cooperação internacional. Na década de 1990, o território foi institucionalmente dividido em um espaço protegido – terras Indígenas e Unidades de Conservação – e um espaço não protegido (Fig. 6.2). Essa repartição sugere que, para o futuro, as ações deveriam se restringir ao espaço não protegido.

Mas a diversidade interna da região não pode ser esquecida como um segundo elemento na organização atual do território, pois que o espaço protegido não se distribui uniformemente, localizando-se junto a espaços não protegidos em contextos socioeconômicos muito diversos que o afetam. A macrorregionalização da Amazônia contida no Plano Amazônia Sustentável (PAS) revela essa situação (Fig. 6.3).

A diferenciação interna mais detalhada, contudo, não é conhecida em seu conjunto. É sugerida pela distribuição da população segundo o censo de 2000, já bem antigo, pelos estudos do MI referentes à diferenciação interna da renda no Brasil ou, pelo contrário, por pesquisas localizadas, obscurecendo a diversidade regional.

Outro território é o nosso território futuro. Ele constitui uma imensa floresta urbanizada no coração

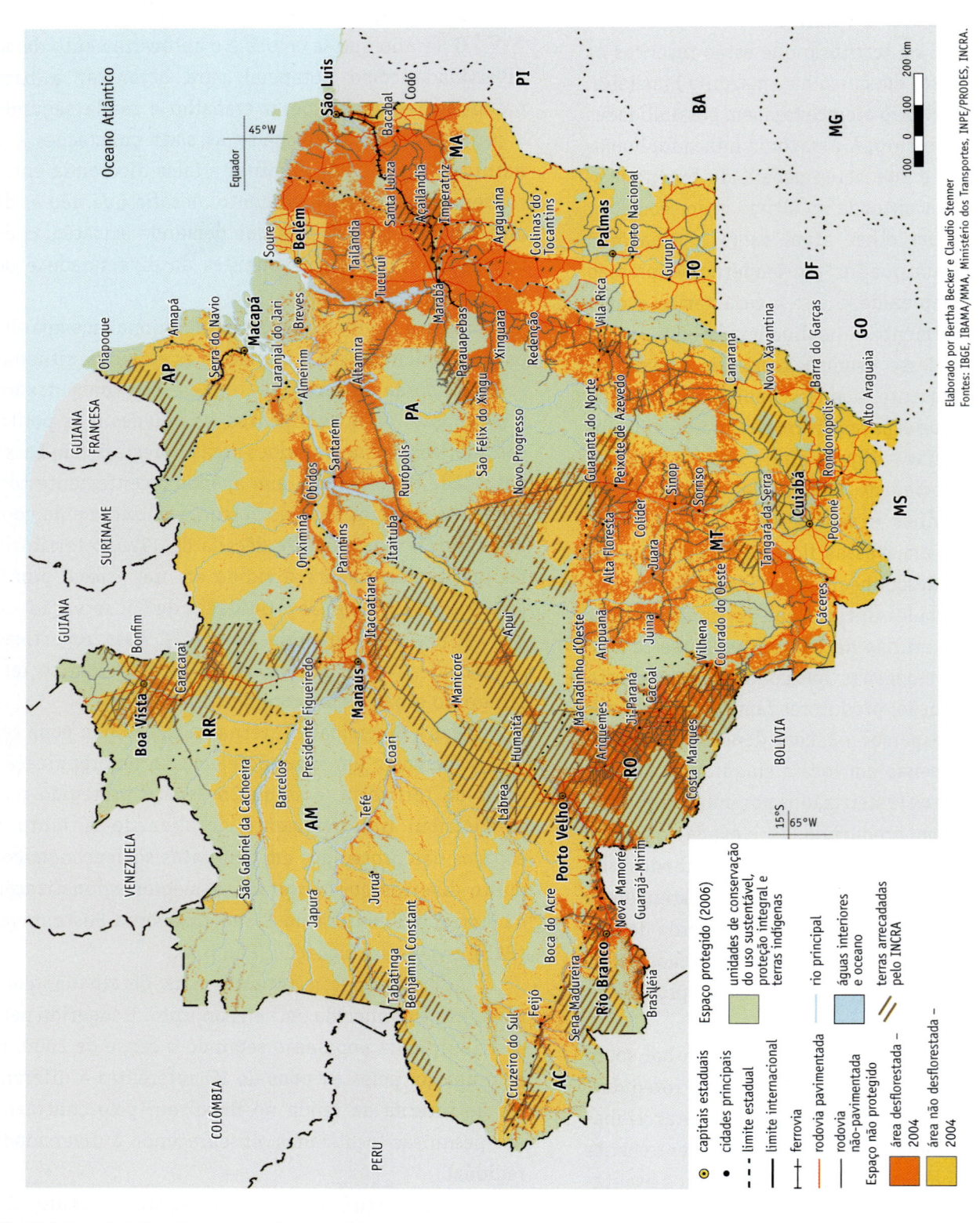

Fig. 6.2 Amazônia Legal – espaço não protegido – 2006

do planeta, um modelo ímpar de desenvolvimento nos trópicos que combina a utilização não-predatória de recursos naturais com processos de dinamização de cidades mais avançados no contexto da globalização. Florestas com produção diversificada, baseada num novo paradigma tecno-científico, que lhes atribui valor econômico atraindo investimentos e, assim, impedindo sua destruição pelo avanço da agroindústria. Cidades dinâmicas, saneadas, dotadas de serviços para a população e para o aproveitamento do potencial produtivo, conectadas em rede, centros de mesorregiões que contemplam a diversidade regional com escala e densidade mínimas da produção, e de extensão variada, coerente com o potencial a ser utilizado. Grupamentos de cidades conectadas em rede comporão mesorregiões policêntricas, cidades-região, reduzindo a concentração nas metrópoles e capitais estaduais.

Exploração mineral, agroindústrias e atividades agrícolas diversificadas terão seu espaço, sobretudo em partes do atual Arco do Povoamento Adensado e nas proximidades das cidades. Para as cidades convergirão as redes de cada sub-região produtiva, que delas receberão os serviços, nelas encontrarão mercado, dinamizando-as por meio da consolidação de cadeias produtivas completas, que nelas se apoiarão. A densificação das redes de cidades e o fortalecimento de sua centralidade terão reduzido o tamanho desmesurado de suas hinterlândias, ao mesmo tempo que terão permitido uma atuação positiva para além delas, por meio das relações entre cidades.

O processo de ocupação da Amazônia revela que a organização da estrutura produtiva em rede é a mais adequada para a região. Desde o início das atividades extrativas até hoje, as articulações do espaço de fluxos são aquelas privilegiadas. Ao longo do seu desenvolvimento produtivo, foi mais importante articular a população e as atividades em pontos, resguardando amplos espaços florestais de atividades econômicas territoriais contíguas entre os pontos. Processo que foi rompido com o avanço da produção extensiva das *commodities* sobre a floresta.

Em outras palavras, o espaço de fluxos, historicamente, foi dominante no povoamento da Amazônia. Fluxos orientados para a extração e a exportação de recursos, que não promoveram o desenvolvimento regional, mas que geraram cidades e conseguiram conservar a natureza. Hoje, cabe ao planejamento antecipar o processo de desenvolvimento a partir das cidades, e delas reorientando os fluxos para benefício da região.

É, portanto, a estratégia em rede que permitirá o desenvolvimento da floresta urbanizada, concentrando a população e as atividades produtivas em pontos interconectados, com hinterlândias produtivas, compactadas e relativamente pequenas.

Premissas condicionam o território do futuro: um novo quadro institucional que estimule inovações com regras do jogo claramente definidas, e a presença do Estado para garantir que sejam cumpridas. Regionalização com base em um planejamento integrado será também uma condição do desenvolvimento, dele participando todas as forças sociais – a sociedade civil organizada, que informa sobre suas próprias necessidades e sobre a região, e a empresa privada nacional, e mesmo as transnacionais, definidas as devidas competências. Não haverá mais implantação de grandes projetos logísticos sem um planejamento integrado.

Caberá às infovias o papel central na circulação e na comunicação. Elas garantirão boa parte dos serviços de saúde e educação nas cidades de menor porte e, aos poucos, poderão também nelas gerar trabalho a distância. Serão também importantes para a descentralização, centros de C/T&I e/ou laboratórios em cidades da floresta, incluindo treinamento técnico, simultanea-

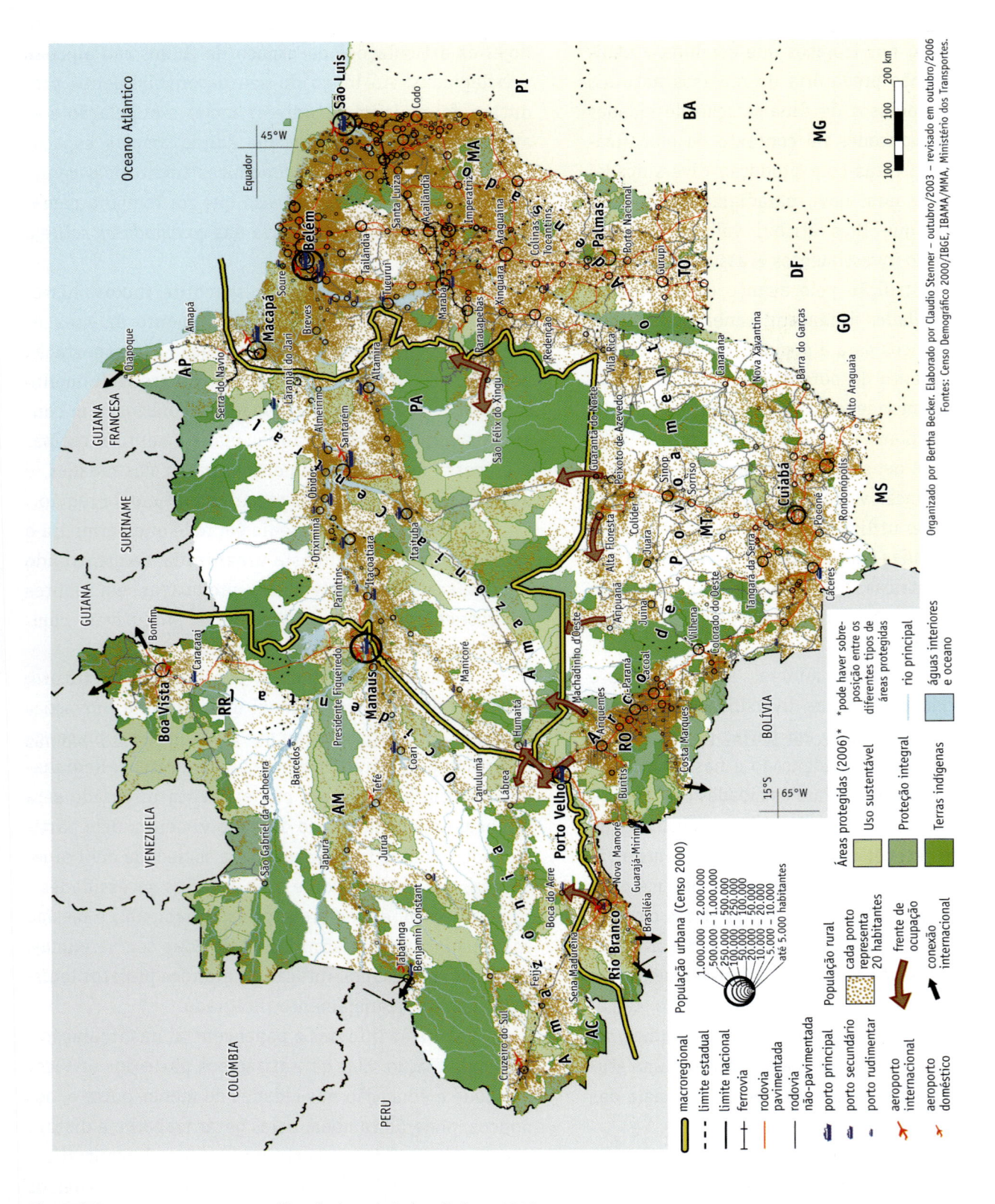

Fig. 6.3 Povoamento e macrorregiões da Amazônia brasileira – 2006

mente à expansão de *campi* universitários, localizando-se em sítios estratégicos junto à produção.

Subregiões comandadas por cidades terão, assim, substituído a divisão entre espaço protegido e não protegido, tal como apresentado na Fig. 6.2, a partir dos domínios florestais, de alternativas econômicas já comprovadas e de outras a serem inovadas, em todas sendo consideradas as cidades.

6.3.1 Áreas de Preservação

São áreas nas quais a riqueza da biodiversidade deve permanecer preservada a qualquer custo, correspondendo às atuais UCs de proteção integral e outras que serão identificadas.

6.3.2 A Economia da Floresta em Extensas Mesorregiões com Baixa Densidade Demográfica

Os *serviços ambientais* prestados pelos ecossistemas florestais serão fonte econômica fundamental para a Amazônia. Terão um conceito amazônico, não se restringindo ao mercado pontual das cotas de carbono, como é hoje, mas, sim, às funções de todos os componentes das florestas – água, clima, biodiversidade – e de toda a massa florestal da Amazônia sul-americana. Imposto sobre esses serviços e bolsa de valores terão sido criados para garantir essa fonte de recursos.

A economia da floresta envolve as terras indígenas e vários tipos de florestas produtivas. Em conjunto, porque utilizadas sem destruição, produzirão serviços ambientais, cuja valorização pela C/T&I terá como centro Manaus, transformada em cidade mundial com marca amazônica. Potencialidades diversas são reconhecidas segundo a riqueza cultural e natural das extensões florestais, cuja regionalização será feita por cidades que comandam os vales fluviais.

Terras Indígenas

As extensas terras indígenas, respeitadas sua cultura e seu direito a consumir – um direito de cidadania demandado nas pesquisas realizadas –, terão múltiplo uso. A demarcação de seus territórios foi uma conquista histórica e gerou novas necessidades quanto ao que fazer em suas terras. Dependendo das condições naturais e do nível de sua organização, os grupos indígenas poderão desenvolver cadeias produtivas baseadas na biodiversidade, no manejo florestal e pesqueiro, mas terão uma atividade inovadora: a produção de etanol a partir da mandioca – lavoura básica de sua cultura –, que lhes suprirá da necessidade básica de combustível, substituindo a gasolina que, excessivamente cara, dificulta sobremaneira sua circulação em embarcação a motor. A produção de etanol excedente do consumo interno será vendida, garantindo-lhes o direito de trabalho e renda. No alto rio Negro, com relevo acidentado, inovações como *overcraft* vencerão as corredeiras na estiagem, permitindo a articulação entre a cidade de São Gabriel da Cachoeira e as inúmeras aldeias localizadas na região. Um laboratório para produção de etanol à base de mandioca, implantado na cidade de São Gabriel da Cachoeira, garantirá combustível e renda aos grupos indígenas bem como a presença brasileira nesse trecho de fronteira.

Os grupos indígenas terão importante papel na integração da Amazônia sul-americana, dadas sua presença maciça na faixa de fronteira e suas práticas já em curso. Na medida em que uma mesma etnia é encontrada tanto no Brasil como em países vizinhos, é comum a transposição dos limites políticos para visita a parentes e trocas comerciais complementares. É o que se verifica com maior intensidade no alto Solimões e na fronteira com a Guiana Francesa.

Tais práticas têm contribuído para a formação de cidades gêmeas que terão seu papel na integração continental acentuado. Hoje são pontas de lança do Estado brasileiro para defesa do território, sede das Forças Armadas, e o funcionalismo público é o principal componente da população, constituída também por migrantes, em sua maioria envolvidos com o narcotráfico, em graus diversos.

Mas essas cidades têm outra dimensão quando olhadas em conjunto. No caso da mesorregião do alto Solimões, tratar-se-á, na verdade, de uma organização policêntrica, isto é, de quatro núcleos conectados que, em conjunto, representam mais de 50 mil habitantes – Tabatinga e Benjamim Constant (Brasil), Letícia (Colômbia) e Islândia (Peru) –, uma concentração urbana cercada de amplas terras indígenas.

As cidades gêmeas – todas elas – terão se transformado de meros pontos de defesa em pontos ativos de desenvolvimento e integração continental, como centros de convergência das redes e locais de agregação de valor à produção extrativa, sobretudo madeira e produtos biotecnológicos e minerais.

A questão não será abrir ou não as terras indígenas à exploração econômica, e, sim, permitir que eles desenvolvam atividades produtivas.

Florestas Produtivas Baseadas no Uso da Biodiversidade

Cadeias produtivas baseadas no uso da biodiversidade, iniciando nas florestas e agregando valor a cada etapa da cadeia até alcançar os centros de biotecnologia e as empresas localizadas nas cidades, estarão implantadas nas antigas unidades de conservação de uso sustentável e em outras florestas onde essa prática já existe. A construção dessas cadeias envolverá múltiplos agentes, desde o mateiro até os mediadores e os empresários, bem como pesquisadores de múltiplas disciplinas. Cuidados especiais terão sido tomados para organizar as comunidades de modo que não sejam exploradas (Becker, 2005). Trata-se de fortalecer o que vem sendo denominado "extrativismo organizado". As cidades de Manaus, Belém, Macapá e Rio Branco centralizarão essas cadeias, apoiadas em laboratórios e mesmo centros de pesquisa situados em locais estratégicos, como Tabatinga e alto Juruá, onde as importantes iniciativas comunitárias existentes se consolidarão.

Florestas Madeireiras

Nas áreas florestais com menor riqueza em biodiversidade, o manejo florestal será a atividade básica. As concessões não serão dadas para todas elas. Será utilizado o saber tradicional das populações indígenas, concedendo o uso manejado de uma larga porção da floresta por alguns anos, se necessário duas, para então deixá-las em recuperação por 40 – 50 anos, permitindo o manejo em outra extensa porção. Em outras palavras, o uso florestal corporativo será feito no ancestral sistema de rotação de terras.

Não deverá ocorrer mera extração e exportação da madeira, mas uma cadeia produtiva que envolva a agregação de valor em várias modalidades, sobretudo na etapa final do consumo, graças à incorporação de *designs* avançados e serviços adequados à elaboração de produtos sofisticados para os mercados nacional e global.

Tal sistema envolverá áreas fronteiriças, organizando-se regiões madeireiras transnacionais, como, por exemplo, na fronteira do Acre e do Amazonas com a Bolívia e o Peru. Cruzeiro do Sul, no Acre, será importante encruzilhada de rotas comerciais e de industrialização da madeira explorada no Javari (Brasil) e no Peru. No "nortão" de Mato Grosso, Sinop constitui importante centro de pesquisa e industrialização avançada da madeira.

Calha do Amazonas

Esse eixo histórico da conectividade regional terá sua importância renovada para a vida das populações ribeirinhas e dos habitantes das florestas dos seus afluentes, a eles provendo alimento – pesca, cultura de várzea e produtos florestais – e circulação.

Modernos entrepostos e frigoríficos estrategicamente localizados organizarão cadeias produtivas da pesca para consumo interno e para exportação, e uma rede de comunidades florestais organizadas para uso da biodiversidade constituirá uma outra cadeia inovadora, como já assinalado.

Por sua vez, a várzea, historicamente a grande supridora de alimentos para as populações ribeirinhas, terá essa função revigorada graças às pesquisas da Embrapa, que promoverão o aproveitamento das oscilações sazonais dos rios e a melhoria na agricultura.

A calha será, portanto, um grande canal de escoamento da produção florestal, tanto da tradicional modernizada como da inovadora, constituída pelos produtos biotecnológicos.

Inúmeras cidades localizadas na calha serão dinamizadas, acolhendo partes das cadeias produtivas e serviços a elas associados, que atenderão aos mercados interno e internacional.

Uma efetiva região policêntrica baseada na complementaridade entre as cidades garantirá melhores condições econômicas e da vida em geral, apoiada em uma circulação fluvial modernizada. Esse processo ocorrerá tanto na calha do Solimões-Amazonas, no Estado do Amazonas, como na calha do Amazonas, no Pará. Laboratórios e/ou centros de pesquisa em Tefé, além de Tabatinga, no Amazonas, impulsionarão as cadeias de produtos biotecnológicos. No Pará, o policentrismo será mais intenso por contar com centros regionais como Santarém, Itaituba e Altamira, entre outros, que concentrarão centros de pesquisa para modernização da produção, com cidades associadas à mineração e com outros eixos de circulação, além do fluvial.

6.3.3 Planejamento Integrado de Grandes Projetos Logísticos e Minerais
Regiões de Projetos Logísticos

Todos os projetos energéticos e rodoviários, antigos e novos, constituirão mesorregiões criadas por um planejamento territorial integrado. É o caso das áreas das rodovias Cuiabá–Santarém e Porto Velho–Manaus, dos corredores da IIRSA, da exploração do gás em Urucu e das hidrelétricas existentes e novas.

O planejamento territorial integrado é similar ao da região de mineração. Destaca-se como exemplo, nesse contexto, o caso das hidrelétricas de Santo Antônio e Jirau, no rio Madeira, tanto pelo avanço tecnológico como por sua posição estratégica na fronteira com a Bolívia e o Peru, compondo uma mesorregião transnacional. O que se prevê para a sub-região do Madeira é uma atuação maior da empresa na estratégia e nas ações, em parceria com a sociedade e o Estado.

Logística é o conceito e o mecanismo básico da estratégia, envolvendo:

- a antecipação de um novo padrão de desenvolvimento perante os movimentos de integração constituídos pela IIRSA e pelos projetos de gestão da água do BID/OEA e USAID já em curso, e novos que estão sendo concebidos. Em outras palavras, trata-se de construir uma agenda efetivamente sul-americana que não fique à mercê da agenda externa;
- um sistema integrado, conectando produção, transporte e processamento. De início, cabe incluir a navegação fluvial, que amplia sobremaneira a escala do projeto, envolvendo porções do Mato Grosso, do Acre, da Bolívia e do Peru. Por sua vez, a ampliação da área de influência estabelece riscos – presença de extensas Áreas Protegidas, muitas de preservação permanente; cuidados

com a fauna ictiológica e com a sedimentação dos rios – e benefícios, referentes estes a maiores oportunidades de negócios sustentáveis que não excluam as sociedades locais. O Zoneamento Ecológico-Econômico torna-se um instrumento-chave para construir a região. Algumas oportunidades de negócios podem ser sugeridas:

- redes – modernização da navegação fluvial; construção de portos; redes de energia e de informação instaladas na região; organização das redes de comercialização;
- produção e processamento – a agregação de valor à produção é indicação de seu desenvolvimento; uso múltiplo da água, destacando-se, além da energia e da navegação, a organização comercial e industrial da pesca e o abastecimento urbano;
- nas áreas já alteradas – a bioenergia é promissora, tendo em vista sua valorização no mercado mundial, mas é essencial a produção de alimentos para consumo regional. A implantação de vilas agroindustriais congregando produtores, familiares de modo a criar a densidade organizacional e a escala de produção necessárias à sua sobrevivência, em sistemas que podem combinar bioenergia e alimentos, é uma condição para a viabilização do projeto.
- nas áreas florestais:
  - em florestas nacionais (flonas) ou estaduais (flotas) existentes ou a serem criadas, há possibilidade de implementar o manejo sustentável da exploração madeireira, de acordo com o recém-criado Serviço Florestal;
  - em florestas não incluídas em áreas protegidas e mesmo nas UCs de uso direto, a organização de cadeias de uso da biodiversidade, com destaque para os fitos para produção de cosméticos, fármacos e nutracêuticos, é promissora, bem como o desenvolvimento da fruticultura;
  - núcleos urbanos: lugar onde está mais consolidada a vida regional e para onde convergirão as novas redes, múltiplas atividades são e serão exigidas em serviços, equipamentos, habitação, comércio e indústria. Cursos de capacitação e laboratórios de pesquisa serão fundamentais para a sustentabilidade da população e da produção.

Definição das Responsabilidades

O destaque atribuído à empresa e à sociedade civil não significa, de modo algum, reduzir a importância dos demais agentes sociais. Os governos federal, estaduais e municipais, as universidades, o Sebrae, a cooperação internacional ajustada à agenda dos interesses regionais – todos têm importante papel a cumprir.

O que se deseja é chamar a atenção para aqueles dois destacados que, em geral, são obscurecidos nos projetos e planos: a) a sociedade civil, por direito e b) as empresas, pela responsabilidade que têm, e que deve ser transparente, sem prejuízo da ação do Estado – pelo contrário, para fortalecê-lo.

Em outras palavras, o que se propõe é a concretização da parceria público-privada (PPP), que até agora não saiu do discurso. A empresa assumindo o papel efetivo de parceira do Estado, incluindo em suas ações investimentos produtivos e com finalidade social, e, sobretudo, mobilizando outros parceiros do setor privado para a estratégia prevista. O Estado assumindo efetivamente a sua função reguladora, baseada no zelo pelos interesses gerais da Nação, que inclui a provisão dos serviços básicos, o estímulo à C&T, o apoio à energia e, na Amazônia, a regularização fundiária antes de iniciar qualquer ação. Nesse sentido, as empresas devem cumprir condições estabelecidas no projeto para fazer jus ao financiamento do BNDES e de outras eventuais instituições.

Por sua vez, as empresas podem participar, pela primeira vez, no planejamento em outra condição, nem a reboque nem à frente do Estado, inclusive cobrando a regularização das terras antes de se iniciarem as obras.

Enfim, as empresas poderão ter papel ativo nessa experiência amazônica, que é única na história do Planeta.

Regiões Minerais

Os grandes projetos de extração mineral e sua logística realizados por corporações transnacionais – sobretudo a CVRD e também a Alcoa – comporão uma extensa mesorregião baseada no fortalecimento da cadeia produtiva de mineração, desde Oriximiná até Belém e São Luís, centros de comando da região que incluirá, também, Parauapebas e Juruti.

Esse fantástico potencial de jazidas minerais, um recurso vital para os estados do Pará e Maranhão, será aproveitado em novas bases, mediante um planejamento territorial integrado que inclui: i) agregação de valor à produção extrativa, exportando produtos processados ao invés de matéria-prima bruta; ii) utilização de outras formas de energia, que não o carvão vegetal – solar e renovável seriam opções; iii) diversificação da produção, envolvendo alimentos e energia renovável; iv) fortalecimento das cidades-sede das explorações para implementar a nova organização e, portanto, o policentrismo na calha do Amazonas, no Pará. Vale registrar a possibilidade de organizar uma região mineradora em Roraima, que inclua a dos grupos indígenas.

6.3.4 Potencialidades das Áreas Alteradas
Florestas Plantadas

As extensas áreas desmatadas, que correspondem ao Arco do Povoamento Adensado, estarão em grande parte reflorestadas com base na combinação de espécies nativas valiosas, tal como o mogno, num sistema de parceria entre empresas e produtores familiares. O plantio de espécies úteis a medicamentos por produtores familiares, em bolsões situados próximo às cidades onde se localizarão os laboratórios e os serviços de exportação, sobretudo Belém, será uma inovação que permitirá inserção nos mercados global e nacional. Florestas energéticas produtoras de carvão vegetal para a produção de ferro gusa ficarão restritas a pequenas áreas junto às siderurgias. Esses modos de reflorestamento serão implementados com os *royalties* pagos pela CVRD.

Regiões Agroindustriais

Três tipos de agroindústria se desenvolverão. Um deles, nos cerrados e no Nortão de Mato Grosso desflorestado, em outras partes desmatadas do Arco do Povoamento Adensado, tais como Tocantins e Rondônia, e nas áreas de campo do Amazonas e de Roraima, onde o cultivo diversificado de soja, milho e cana-de-açúcar será utilizado como alimento e como energia.

Um pacto social garantirá cuidados especiais que manterão as florestas nas nascentes dos rios e os limites da produção sem avançar nas terras indígenas e florestas. Em todas essas áreas estarão estrategicamente localizados armazéns para estocagem e indústrias que processarão a produção exportada com agregação de valor. Amplas cadeias produtivas transcontinentais dinamizarão cidades como Cuiabá, Sorriso, Porto Velho, Labrea, Boa Vista, além de outras nos países vizinhos, sobretudo na Bolívia e no Paraguai, compondo extensas mesorregiões transnacionais integradas.

A agroindústria da pecuária será uma inovação na região. Se a pecuária constitui, definitivamente, um componente da economia regional para praticamente todos os produtores, estando presente em toda a região, a extraordinária demanda por carne no mercado global induzirá a formação de uma agroindústria da pecuária. Altamente capitalizada e modernizada mediante o uso de técnicas avançadas e a eliminação da febre aftosa, essa agroindústria estará concentrada na engorda do rebanho com métodos intensivos, visando à exportação de carnes e derivados com origem controlada. Ela estimulará a instalação de indústrias de processamento de produtos de couro para a exportação.

Sub-regiões de agroindústria pecuária estarão localizadas em áreas do Arco do Povoamento Adensado, ocupando antigas áreas desmatadas próximas às redes de circulação, na porção sul do Pará, no Tocantins e norte do Mato Grosso.

A presença de florestas produtivas à sua volta, onde produtos, madeireiros ou não, terão alto valor agregado, impedirá a expansão da pecuária extensiva e contribuirá para a forma inovadora de sua produção.

Outro tipo de agroindústria, baseada em produtos florestais como o guaraná e o açaí, nativos da região, e a palma (de onde se extrai o óleo), será desenvolvida, gerando uma inovação tipicamente amazônica de grande fôlego. Em se tratando de cadeias produtivas efetivamente regionais e não originárias em outras regiões, necessariamente demandarão acessibilidade a Manaus e Belém, onde se dará o consumo e a exportação da produção processada.

As inovações nos grandes projetos deverão ser implementadas a partir de hoje, tendo em vista as previsões atuais de grandes investimentos na logística (PAC) e na mineração.

Regiões Rural-Urbanas

Mesorregiões de economia rural serão pontos acessíveis às cidades, situados ao longo dos eixos ou em suas proximidades, com dimensão variada, mas sempre muito menor em relação às mesorregiões florestais, de mineração, logísticas e agroindustriais.

No entorno das cidades e vias de circulação, graças à acessibilidade aos mercados, situar-se-ão sub-regiões produtoras de alimentos *in natura* para abastecimento urbano e processados para venda no mercado doméstico externo, e sub-regiões de produção agrícola diversificada.

A pecuária estará presente em toda a região, mas com funções diferentes. Uma divisão territorial de trabalho consolidará cadeias produtivas nessa atividade. Produtores familiares farão a criação de gado em pequena escala para fornecer-lhes leite e complementação da renda mediante a venda de bezerros para produtores maiores, onde serão recriados os bezerros. Estes, alcançando tamanho e peso mínimos, serão enviados às áreas de engorda próximas às estradas e frigoríficos. Bacias leiteiras abastecerão as capitais regionais e sub-regiões policêntricas.

Produções familiares consolidadas por meio da diversificação e integração de culturas alimentares e industriais formarão outro tipo de mesorregião rural-urbana. Modernização técnica e de gestão e cadeias produtivas estruturadas dos seus diversos produtos sustentarão essa consolidação. Destacar-se-á nesse tipo de mesorregião a produção familiar em que terá sido agregado valor por meio da industrialização, sobretudo a fruticultura. Será o caso da área comandada por Castanhal, baseada na fruticultura e na produção de sucos para exportação, e de Tomé-Açu, no Pará, em que a pimenta terá destaque.

No Estado do Amazonas, estarão consolidadas também mesorregiões de economia rural no entorno de Manaus, envolvendo Novo Airão, Rio Preto da Eva, Presidente Figueiredo, Careiro e Manacapuru, atestando o fato de que Manaus não será mais um enclave. E todas as capitais regionais terão produção hortifrutigranjeira à sua volta, eliminando a importação desses produtos e os intermediários, que atualmente tornam seu custo exorbitante.

Produção familiar agroextrativa com novas técnicas e industrializada terá gerado também importantes sub-regiões. Trata-se de regiões com escala e densidade de produção, experiência acumulada em projetos de colonização, e dotadas de acessibilidade. Terão base produtiva diferenciada e especializada. O Vale do Rio Acre e arredores será importante sub-região produtora de artefatos diversos baseados na extração da borracha, bem como de alimentos. Projetos como o Reflorestamento Econômico Consorciado e Adensado (RECA), em Rondônia, terão consolidado sua produção industrializada de frutas, pupunha (palmito) e outras, na Transamazônica, sob o comando de Altamira. A produção de alimentos garantirá a segurança alimentar para vasta área de influência da Rodovia Cuiabá–Santarém.

Não existirão mais assentamentos de produtores familiares de tipo algum. Fazendas solidárias congregando no mínimo 50 colonos, para que haja escala mínima de produção, estarão estabelecidas em áreas acessíveis à circulação e aos mercados urbanos. Elas terão ampla área de reserva florestal comum, utilizada com novas técnicas para várias finalidades produtivas; uma extensa área produtiva de 1.000 ha, correspondente à soma dos 20 ha de cada lote; escola primária e equipamentos para processar a produção. Essas fazendas não apenas garantirão condições de vida digna aos pequenos produtores; elas constituirão uma resistência à expansão das *commodities*, quando localizadas nas proximidades das agroindústrias.

Cidades-Região ou Regiões Policêntricas

As cidades serão a base logística para o desenvolvimento regional. Cidades locais – que se relacionam apenas com sua hinterlândia – serão transformadas em cidades dinâmicas, mediante sua interação, gerando grupamentos de cidades conectadas em rede, verdadeiras regiões policêntricas.

Com isso, ter-se-á esvanecido o antigo padrão dominante na região, em que cidades isoladas se localizavam nos eixos de circulação, fossem os rios ou estradas, com poucos serviços para atender a uma população pobre situada em até centenas de quilômetros de extensão.

Belém será uma metrópole policêntrica que, conectada ao processo de globalização, transmitirá dinamismo às cidades em seu entorno. Marabá, Imperatriz, Araguaina e Açailândia constituirão importante sub-região policêntrica com base na logística da CVRD e no processamento não só de matérias-primas minerais, mas também agrícolas.

Uma região policêntrica estará consolidada na calha do rio Amazonas, em Rondônia, com base na produção agroindustrial diversificada. Porto Velho será importante encruzilhada de vias de circulação, centro de comando do mesorregião do Madeira e de relações com a Bolívia e o Peru.

No Mato Grosso, estabelecida a conectividade interna, as cidades se fortalecerão com serviços de base científico-tecnológica para melhoria genética das espécies utilizadas tanto para a alimentação como para a bioenergia – soja, milho, cana-de-açúcar – e para industrialização da madeira; uma cidade-região no Nortão estará sob o comando de Sinop, enquanto no sul, outras estarão organizadas em torno de Rondonópolis e de Cuiabá.

Finalmente, Manaus construirá um policentrismo, deixando de ser enclave, e terá o seu aparato científico-tecnológico e de serviços ampliado, articulando o Pólo Industrial e o Centro de Biotecnologia e, assim, constituindo-se como centro de convergência tecnológica, avançando na biotecnologia e na nanotecnologia, além da microeletrônica em si. Cursos de formação técnica contribuirão para gerar empreendedores e para abastecer a Petrobras, localizada em Urucu, com profissionais capacitados. E, sobretudo, serviços avançados baseados no conhecimento e na informação, tais como consultoria jurídica, regulação econômica e financeira, marketing e *design*, estarão disponíveis para assegurar o seu papel de base logística da conservação dos serviços ambientais da Amazônia continental.

O futuro desejado e possível para a Amazônia exige uma verdadeira revolução científico-tecnológica que perpassa os componentes estratégicos necessários para atingi-lo: um paradigma capaz de utilizar os recursos naturais sem destruí-los, mudança do quadro institucional de modo a articular projetos de pesquisa, políticas públicas e regionalização, como acima proposto.

Para tanto, há que se ter vontade política para alocar maciços investimentos em recursos humanos. A Amazônia conta hoje (2007) com apenas 2.800 doutores. Sugestões para ampliar esse quadro são muitas e variadas. A SBPC propõe formar e/ou atrair 10 mil doutores em curto prazo. A Academia Brasileira de Ciências (ABC), mais realista, propõe um planejamento de novos doutores em três anos: 700 em 2008/9, 1.400 em 2009/10 e 2.100 em 2010/11. No plano da ABC, os custos dessa ampliação, somente em remuneração dos recursos humanos, corresponderiam, respectivamente, a cerca de R$ 176.200.000,00, R$ 288.450.000,00 e R$ 398.300.000,00, sem contar os gastos em pesquisa e infra-estrutura.

Este é o território amazônico do futuro que nossa consciência espacial nos indica. A transformação desse futuro possível em realidade dependerá do conhecimento científico-tecnológico e de inovações que repousarão, em grande parte, em vocês, jovens brasileiros, esperança da nação.

Fig. 6.4 Vista aérea do arquipélago de Anavilhanas, estação ecológica
Fonte: Florenzano, 2007

TRAÇOS DO FUTURO
bate-papo com a autora

7

Sou Bertha Koiffmann Becker, brasileira, nascida na cidade do Rio de Janeiro. Sou especialista em geografia política, um ramo especialmente cativante dessa disciplina. Na verdade, todo o campo da geografia sempre me atraiu, desde muito jovem. Escolhi a geografia instigada por conhecer o mundo: afinal, é a "grafia da Terra!" (geo + grafia).

Em 1952, com apenas 22 anos de idade, formei-me no curso de Geografia e História pela Universidade do Brasil, que hoje todos conhecemos por Universidade Federal do Rio de Janeiro. A Federal do Rio tornou-se a minha "casa" desde então. Foi lá que fiz minhas especializações, o doutorado e comecei a dar aulas, em 1958. Hoje sou professora emérita da UFRJ, onde coordeno o Laboratório de Gestão do Território, LAGET. Apenas o pós-doutorado foi nos Estados Unidos, no MIT, Massachusetts Institute of Technology, Departamento de Estudos Urbanos e Planejamento, em 1986.

Vocês podem se perguntar: como uma especialista em "estudos urbanos" tornou-se uma pesquisadora na Amazônia? Bem, essa é uma história que já completou uns 30 anos e tem a ver com minha experiência no magistério – uma experiência riquíssima, tanto pela possibilidade de abrir a cabeça dos jovens para o mundo, o Brasil, suas questões e tendências, como pela possibilidade de aprender no diálogo com os jovens. Para mim, tem sido uma interação fundamental, que me faz avançar não só no conhecimento científico, como de formação humana.

Na década de 1970, além das aulas na UFRJ eu assumi, também, aulas de Geografia Política no Instituto Rio Branco, do Ministério das Relações Exteriores. Foi quando voltei meus olhos para a Amazônia. Sugeri ao Diretor levar os alunos para conhecer o Brasil, antes de representá-lo como diplomatas no exterior. O Diretor aceitou a sugestão e escolheu, como foco da viagem, as fronteiras políticas da Amazônia.

Preparei os alunos para a viagem e, desde então, não deixei mais a Amazônia. Passei a vê-la como vanguarda – e não como retaguarda – do País; como uma fronteira, capaz de gerar realidades novas. Dessa visão fez parte, logo no início, a urbanização. Em viagem de reconhecimento ao longo de Belém-Brasília, percebi que a fronteira muito pouco possuía de agrícola. O que se multiplicavam eram os núcleos urbanos, como locais de residência da mão-de-obra migrante (que neles era arregimentada pelos "gatos", para abrir a mata) e de instalação das igrejas e do comércio básico. Esses núcleos urbanos, inchados e carentes de serviços básicos, como saneamento e saúde pública, constituem, hoje, um dos maiores problemas ambientais da Amazônia. E disso pouca gente fala.

Esse primeiro contato com a Amazônia foi revelador! Naturalmente, carreguei comigo minha bagagem teórica, que foi uma base inicial para analisar o local como uma fronteira de recursos. Mas o contato com a realidade surpreende pela magnitude da natureza e da cultura, pela diversidade interna, e pela pobreza dos habitantes, que revelaram a impropriedade de considerá-la apenas como fonte de recursos.

Após 30 anos, estou retornando à pesquisa sobre as cidades na Amazônia por estar convencida de que são um componente essencial para organizar a cidadania e a produção regional, sem destruir a natureza. A Amazônia brasileira tem características que a tornam única no mundo. Junto com cidades bastante expres-

Fig. 7.1 Exploração abusiva dos recursos naturais. Uma outra relação com o meio ambiente é possível.

sivas – nas quais, segundo o Censo de 2000 concentravam-se 70 % da população regional – ela ainda conta com a presença marcante da floresta tropical. Mesmo os demais países amazônicos não possuem uma dimensão urbana como a que temos. Creio que a floresta urbanizada é um modelo a ser aplicado a toda a Amazônia Sul-Americana, comandando cadeias produtivas a serem construídas com base na biodiversidade regional, sem destruir a floresta.

Essa minha convicção concretizou-se em várias ações no campo profissional. Participei, primeiro como membro e depois como vice-presidente, do Grupo Internacional de Assessoria ao Programa Piloto para Proteção das Florestas Tropicais Brasileiras (PP-G7), desde o seu início, em 1993, até o ano de 2005. O PP-G7 desenvolveu um conjunto de atividades integradas, como pesquisa, desenvolvimento de novas tecnologias e capacitação de recursos humanos, tudo para possibilitar o uso sustentável dos recursos da floresta, com melhoria da qualidade de vida das populações amazônicas.

Também fiz parte do projeto científico LBA, Experimento de Larga Escala da Biosfera-Atmosfera na Amazônia, que envolve pesquisadores de diversos países. O LBA é um grande projeto implantado em parceria com a NASA, para estudo das relações entre a biosfera e a atmosfera. Faz parte de um conjunto de projetos que visaram avançar na pesquisa sobre a Amazônia em face de sua crescente importância no contexto da globalização, tanto em termos científicos como econômicos. O PP-G7 já continha um subprojeto de Ciência & Tecnologia, e no início desse milênio foi lançado o LBA. A seguir, dois outros projetos de pesquisa avançada foram estabelecidos pelo próprio Ministério de Ciência e Tecnologia: o GEOMA, Rede Temática de Pesquisa em Modelagem Ambiental da Amazônia, e o PPBio, Programa de Pesquisa em Biodiversidade.

Iniciado com seis subprojetos focados, sobretudo no clima e na hidrologia, o LBA optou por inserir um subprojeto sobre Dimensões Humanas das Mudanças Ambientais Globais, que coordenei entre os anos de 1999 e 2004. A contribuição científica do LBA é extremamente significativa. O financiamento da NASA foi concluído, e hoje o projeto está integrado no MCT.

Além das atividades de pesquisa e coordenação de projetos, tenho participado da elaboração de políticas públicas nos Ministérios de Ciência e Tecnologia, da Integração Nacional e do Meio Ambiente. É um privilégio, uma grande responsabilidade e, também, é um compromisso que assumi como cientista brasileira. Para o futuro promissor que desejamos para a Amazônia, as decisões políticas precisam de respaldo técnico e científico; ou seja, é preciso haver mais cientistas na Amazônia, em diálogo com os governantes.

A Academia Brasileira de Ciências e a Sociedade Brasileira para o Progresso da Ciência, SBPC, estão empenhados em colaborar com o Ministério da Ciência e Tecnologia no sentido de solucionar esse problema. Com efeito, as cidades foram negligenciadas diante da preocupação com o meio-ambiente, mas, pelo menos eu, estou retomando o seu estudo. Mas não foi só a questão das cidades que foi deixada de lado... Na verdade, os currículos escolares e mesmo as disciplinas universitárias eram – e ainda são – em grande parte dissociados da realidade regional. A recente iniciativa de criação do curso de Engenharia Naval pela Universidade Federal do Pará, em Belém, simboliza uma tentativa de mudar essa situação.

Alguns cientistas têm feito esforços para dialogar com o governo, e houve maior aproximação nessa direção. Outros, em menor número, têm diálogo com as organizações não governamentais. Infelizmente, contudo, nem governo nem ONGs têm conseguido associar novas tecnologias aos saberes tradicionais e às necessidades de trabalho e sustento das comunidades amazônicas. Há legados estruturais que constituem o grande desafio a enfrentar e vencer.

Com vistas ao desenvolvimento sustentável da Amazônia é necessário articular um diálogo produtivo entre todos os setores da sociedade – governantes, cientistas e ambientalistas. E, por enquanto, o diálogo entre cientistas e ambientalistas é quase inexistente, o que deixa margem a posições polarizadas e a um falso dilema entre desenvolvimento e conservação. Falso porque há alternativas. Podemos citar como exemplo a forte reação das organizações não governamentais à construção de hidrelétricas em rios amazônicos. É preciso reconhecer que o País necessita de energia, que a Amazônia tem imenso potencial, e a hidreletricidade é a mais limpa fonte energética. O que é inconcebível é implantar hidrelétricas – assim como rodovias – da mesma forma como se vem fazendo até agora. Qualquer projeto de infra-estrutura na Amazônia só deveria ser implantado mediante um planejamento integrado envolvendo o uso múltiplo da água, produção de energia, diferentes tipos de uso da terra e uma consolidação da parceria público-privada.

Mas para buscar o desenvolvimento da Amazônia com compromisso social e ambiental, é necessário romper o falso dilema entre desenvolvimento e conservação, que imobiliza pensamentos e ações. É preciso mais reflexão e também coragem para enfrentar o debate e abandonar posições maniqueístas, construídas em contextos sociais e políticos diferentes dos atuais. Costuma-se acreditar, por exemplo, que toda empresa pequena é boa, e a grande é ruim. Ou que toda interferência do Estado é negativa. Hoje, contudo, a sociedade civil reivindica a presença do Estado.

Em janeiro de 2008, foi aberto o primeiro processo de licitação de floresta pública. E o governo se comprometeu a fiscalizar os processos de exploração, especialmente madeireira. É patente a importância da economia florestal para a Amazônia, e a necessidade de produzir madeira. Somente atribuindo valor à floresta em pé ela poderá competir com as *commodities*. Produzir para conservar deve ser o lema para o desenvolvimento regional. A concessão para explorar as florestas públicas parece ser uma tentativa nesse sentido. No entanto, esse caminho não parece ser adequado porque carece de um elemento central: o monitoramento e a fiscalização. Precisamos usar nosso patrimônio, sim, mas de modo que não seja destrutivo.

E aí voltamos à nossa responsabilidade como cientista: desenvolver conhecimento e disseminá-lo em vários setores da sociedade. Isso exige dedicação, disponibilidade de tempo e, é claro, um certo sacrifício pessoal. Faço muitas viagens, de vários tipos. Pesquisa de campo é básica na minha metodologia, para testar, modificar e/ou enriquecer a teoria. Sempre fiz, levando professores e alunos, e continuo realizando.

Reuniões de projetos, conferências para diferentes grupos sociais e consultoria a ministérios foram se multiplicando ao longo do tempo. Minha participação no Grupo Internacional de Assessoria ao Programa Piloto para Proteção das Florestas Tropicais Brasileiras (PP-G7), foi fundamental para minhas viagens e para aprofundar meu conhecimento da Amazônia, pois a cada ano o grupo avaliava projetos no campo. As viagens ao exterior atendem a convites e ao fato de que fui durante quatro anos Vice-Presidente da União Geográfica Internacional.

Trabalho o tempo todo. Por vezes das oito da manhã às oito da noite, com um pequeno intervalo para o almoço. À noite, é preciso "esvaziar" a cabeça com filmes de suspense. Sábado e domingo, geralmente trabalho só pela manhã – a tarde e a noite são para a família e amigos, que são parte do meu lazer, assim como viagens e contatos com amigos da Amazônia, de Brasília e do INPE, entre outros. Embora o trabalho absorva muito do tempo e da energia, a paixão pela ciência é perfeitamente conciliável com a vida familiar. Já levei minha família toda – três filhos e oito netos – para conhecer a Amazônia durante uma semana. E foi das melhores viagens que realizei.

Além de desenvolver pesquisas e ministrar palestras, tenho exercido consultoria em várias instituições científicas, como o CNPq, Capes e Faperj. Sou membro do conselho editorial de editoras nacionais e internacionais e tenho publicado muitos artigos científicos e livros, vários deles de divulgação científica, como esse que você lê agora.

Esse esforço tem gerado recompensas, na forma de condecorações, títulos e medalhas que recebo como estímulos para o trabalho. Sou membro da Academia Brasileira de Ciências e Doutor Honoris Causa pela Universidade de Lyon III. E guardo com carinho as medalhas David Livingstone Centenary Medal, da American Geographical Society, Carlos Chagas Filho de Mérito Científico, da FAPERJ e a Ordem Nacional de Mérito Científico, entre várias outras.

Mas a realização de um cientista está além do reconhecimento acadêmico. Está na sociedade na qual ele espera fazer diferença. Comecei nosso bate-papo dizendo que a geografia é a grafia da Terra. Quando exercemos qualquer interferência, estamos deixando os nossos traços sobre ela. Se agirmos com o conhecimento que a ciência nos dá e com a orientação de nossos compromissos éticos, estaremos esboçando um futuro promissor para todo o planeta e os seres vivos que nele habitam. Nas linhas desse livro estão um pouco da minha contribuição para que isso aconteça.

AB' SABER, A. A Cidade de Manaus (primeiros estudos). *Boletim Paulista de Geografia*, n. 15, p. 18-45. São Paulo: AGB, 1953.

AGÊNCIA NACIONAL DAS ÁGUAS. *Disponibilidades e demandas de recursos hídricos no Brasil*. Brasília: ANA, 2007. Disponível em: <http://www.ana.gov.br/AcoesAdministrativas/CDOC/Catalogo_Publicacoes/2_volume_2_ANA.pdf>.

AGÊNCIA NACIONAL DE ENERGIA ELÉTRICA. *Atlas Nacional de Energia Elétrica*. Brasília: ANEEL, 2002.

ALVES, Diógenes S. O processo de desmatamento na Amazônia. In: *Parcerias Estratégicas*, n. 12, setembro de 2001, p.259-75. Disponível em: <www.mct.gov.br/CEE/revista/Parcerias12>.

AMBRIZZI, T. et al. *Cenários regionalizados de clima no Brasil para o século XXI*: projeções de clima usando três modelos regionais. Relatório 3. Brasília: MMA, Secretaria de Biodiversidade e Florestas, 2007.

AZEVEDO, Rainier Pedraça de. Uso de água subterrânea em sistema de abastecimento público de comunidades na várzea da Amazônia central. *Acta Amazonica*, 36 (3): 313-20, 2006.

BECKER, B. K. A Amazônia na estrutura espacial do Brasil. *Revista Brasileira de Geografia*, Rio de Janeiro, v. 36, n. 2, p. 3-33, 1974.

_____. Uma hipótese sobre a origem do fenômeno urbano numa fronteira de recursos do Brasil. *Revista Brasileira Geografia*, Rio de Janeiro, v. 40, n. 1, p. 160-84, 1978.

_____. *Geopolítica da Amazônia*. Rio de Janeiro: Zahar, 1982.

_____. Fronteira e urbanização repensadas. *Revista Brasileira de Geografia*. Rio de Janeiro, v. 47, n. 4, p. 357-371, 1985.

_____. A fronteira no final do século XX: oito proposições para um debate sobre a Amazônia brasileira. *Espaço e Debates*, n. 3. São Paulo: Neru, 1984.

_____. A geografia e o resgate da geopolítica. *Revista Brasileira de Geografia*, v. 50, n. 2, p. 99-126 Rio de Janeiro: IBGE.

_____. *Amazônia*. São Paulo: Ática, 1990.

_____. Logística: uma nova racionalidade no ordenamento do território? In: III SIMPÓSIO NACIONAL DE GEOGRAFIA URBANA, AGB/Departamento de Geografia da UFRJ. *Anais*. Rio de Janeiro, 1993. p. 59-62.

_____. A geopolítica na virada do milênio: Logística e Desenvolvimento Sustentável. In: CASTRO, I.I.; GOMES, P.C.C.; CORRÊA, R.L. (Orgs.). *Geografia*: Conceitos e Temas. Rio de Janeiro: Bertrand Brasil, 1995, p. 271-307.

_____. Undoing myths: the Amazon – an urbanized forest. In: CLÜSENER-GODT, M.; SACHS, I. (Orgs.). *Brazilian perspectives on sustainable development of the Amazon region*. Paris: Unesco/Parthenon, 1995. p. 53-89.

_____. Novos rumos da política regional: por um desenvolvimento sustentável da fronteira amazônica. In: BECKER, B. K.; MIRANDA, M. H. P. (Org.). *Geografia política do desenvolvimento sustentável*. Rio de Janeiro: Ed. UFRJ, 1997. p. 421-43.

_____. *Cenários de curto prazo para o desenvolvimento da Amazônia*. Mimeo. Brasília: Secretaria de Coordenação da Amazônia Legal, MMA, 1999.

_____. Amazônia: construindo o conceito e a conservação da biodiversidade na prática. In: GARAY, I.; DIAS, B.F.S. (Orgs.). *Conservação da biodiversidade em ecossistemas tropicais*. Petrópolis: Vozes, v. 1, p. 92-1001, 2000.

_____. Amazônia no início do século XXI, a geopolítica do poder. *Revista UnB*, Brasília, Ano I, n. 2, 2001a.

_____. Síntese do processo de ocupação da Amazônia – lições do passado e desafios do presente. In: Ministério do Meio Ambiente. *Causas e dinâmica do desmatamento na Amazônia*. Brasília: MMA, 2001b. p. 5-28.

_____. Revisão das políticas de ocupação Amazônica: É possível identificar modelos para projetar cenários? *Parcerias Estratégicas*, Brasília: Editor MCT/CEE, n. 12, p. 135-59, 2001c.

_____. *Amazônia – Geopolítica na virada do III milênio*. Rio de Janeiro: Garamond, 2004.

_____. Ciência, tecnologia e informação para o conhecimento e uso do patrimônio natural da Amazônia. *Parcerias Estratégicas*, Brasília:CGEE, n. 20, parte 2, p. 621-651, 2005a.

_____. Da preservação ao uso sustentável da Biodiversidade. In: GARAY, I.; BECKER, B. K. (Orgs.). *Dimensões Humanas da Biodiversidade*. Petrópolis: Vozes, 2006, p. 355-380.

BECKER, B. K. et al. Projeto Manejo Integrado e Sustentável dos Recursos Hídricos Transfronteiriços na Bacia do Rio Amazonas Considerando a Variabilidade e a Mudança Climática. Atividade IV.5 – Conclusão de novos mapas e/ou refinação dos já existentes de uso do solo e zoneamento ambiental em comunidades e ecossistemas críticos (hot spots). *Relatório Técnico*, 2006.

_____. *Logística e Ordenamento do Território*. Estudo da proposta de Política Nacional de Ordenamento Territorial (PNOT). 2006. Disponível em: <http://www.integração.gov.br/docs/desenvolvimentoregional/textos_basicos_pnot.zip>.

_____. *Trajetória tecnológica alternativa – O caso amazônico*: um enfoque a partir do Projeto ZFM. Manaus: s/ed., 2004.

BOULDING, K. The economics of the coming space-ship Earth. In: JARRET, H. E. (Ed.). *Environment quality in a growing economy*. Baltimore: John Hopkins, 1966.

CARMO et al. Água Virtual e Desenvolvimento Sustentável: O Brasil como Grande Exportador de Recursos Hídricos. In: XXV CONGRESO DE LA ASOCIACIÓN LATINOAMERICANA DE SOCIOLOGIA. *Anais*. Porto Alegre, 22-26 agosto, 2005.

CASTELLS, M. *The rise of network society*. Oxford: Blackwell, 1996.

_____. *A sociedade em rede*. São Paulo: Paz e Terra, 2000.

CLEMENT, C. et al. O desafio do desenvolvimento sustentável na Amazônia. In: *T&C Amazônia*. Manaus: Fucapi, 2003.

COMPANHIA VALE DO RIO DOCE. Disponível em: <www.vale.com>. Arquivos consultados em 2007.

COSTA, F. A questão agrária na Amazônia e os desafios estratégicos de um novo desenvolvimento. In: BECKER, B. K. et al. (Org.). *Dimensões humanas da biosfera-atmosfera na Amazônia*. São Paulo: Edusp, 2007. p. 129-66.

DAOU, A. M. *A belle époque amazônica*. Rio de Janeiro: Zahar, 2000.

DEAN, W. *A luta pela borracha no Brasil*. São Paulo: Nobel, 1989.

EMPRESA DE PESQUISA ENERGÉTICA. *Balanço Energético Nacional 2007 – Ano Base 2006*. Rio de Janeiro: EPE, 2007.

FERREIRA, L. V. et al. O desmatamento na Amazônia e a importância das áreas protegidas. *Estudos Avançados*, v. 19, n. 53, p. 1-10. São Paulo: IEA/USP, 2005.

FFIELD, A. Amazon and Orinoco river plumes and NBC Rings: Bystanders or participants in hurricane events? *Journal of Climate*, 20, p. 316-33, 2007.

FÓRUM SOCIAL MUNDIAL. Disponível em: <http://www.forumsocialmundial.org.br>.

FRIEDMANN, J. The world city hypothesis. In: BRENNER, N.; KEIL, R. (Org.). *The global cities reader*. EUA/Canadá: Routledge, 2006. p. 67-71.

FRITSCH, Jean-Marie. Lês Ressources em EAU. Intérêts et Limites D'une Vision Globale. In: *Revue Française de Géoéconomie*, n. 4, hiver. 1997-1998. p. 93-109.

FUCAPI. Fundação Centro de Análise, Pesquisa e Inovação Tecnológica. *Estudos sobre redes de biodiversidade na Amazônia*. Brasília: CGEE, 2005.

_____. Fundação Centro de Análise, Pesquisa e Inovação Tecnológica. *Estudo para implantação de uma rede de biodiversidade na Amazônia*. Manaus. 2006. Mimeo.

GEOMA. *Rede Temática de Pesquisa em Modelagem Ambiental da Amazônia*. Brasília: MCT, 2002.

GOVERNMENT OF NEWFOUNDLAND AND LABRADOR. Export of Bulk Water from Newfoundland and Labrador. Report of the Ministerial Committee Examining the Export of Bulk Water. 2001. Disponível em: <http://www.gov.nl.ca/publicat/ReportoftheMinisterailCommitteeExaminingtheExportofBulkWater.pdf>.

GRUPO ANDRÉ MAGGI. Disponível em: <http://www.grupomaggi.com.br>. Arquivos consultados em 2007.

GUERRA, A. T. *Dicionário Geológico-Geomorfológico*. 8. ed. Rio de Janeiro: IBGE, 1993.

HARVEY, D. *Social justice and the city*. Baltimore, MD: Johns Hopkins University Press, 1973.

_____. *A condição pós-moderna* - uma pesquisa sobre as origens da mudança cultural. São Paulo: Edições Loyola, 1980.

HECKENBERGER, M. *War and peace in the shadow of empire*: sociopolitical change in the Upper Xingu of Southeastern Amazonia, A.D. 1400-2000. Ph.D. Dissertation in Archeology. Pittsburg: University of Pittsburg, 1996.

HOEKSTRA, A. Y. (Ed.). Virtual Water Trade: Proceedings of the International Expert Meeting on Virtual Water Trade. The Netherlands: IHE Delft (Value of Water Research Report Series, n. 12, 2003).

HOMMA, A. K. O. (Org.). *Amazônia: meio ambiente e desenvolvimento agrícola*. Brasília: EMBRAPA-SPI, 1998.

IBGE. *Censo demográfico*. Rio de Janeiro: IBGE, 2000.

IIRSA. *Iniciativa para a Integração da Infra-estrutura Regional Sul-americana*. Disponível em: < www.iirsa.org>. Arquivos consultados em 2007.

INFRAERO. Disponível em: <www.infraero.gov.br>. Arquivos consultados em 2007.

JACOBS, J. *Cities and the wealth of nations*. New York: Random House, 1984.

LANNA, A. E. Recursos hídricos do Brasil: uma visão prospectiva com enfoque na região hidrográfica amazônica. *T&C Amazônia*, Ano IV, n. 9. Manaus: Fucapi, 2006.

LBA. *Project Large Scale Biosphere-Atmosphere in the Amazon*. Brasília: MCT, 1996.

LEFEBVRE, H. *De l' État*. Paris: Union Générale, 1978.

LIMA, I. G. *Notas sobre o significado do futuro*. 2006. Mimeo. 6 p.

LOURENÇO, J. S. Amazônia: trajetória e perspectivas. In: SACHS, I.; WILHEIM, J.; PINHEIRO, P. S. *Brasil - um século de transformações*. São Paulo: Companhia das Letras, 2001. p. 348-69.

MACHADO, L. O. *Mitos y realidades de la Amazonia brasilenã en el contexto geopolítico mundial, 1540-1912*. Tese de Doutorado, Universidade de Barcelona, 1989.

_____. Região, cidades e redes ilegais. Geografias alternativas na Amazônia sul-americana. In: GONÇALVES, M. F.; BRANDÃO, C. A.; GALVÃO, A. C. (Org.). *Regiões e cidades, cidades nas regiões – O desafio urbano-regional*. 1. ed. São Paulo: Editora Unesp, 2003. v. 1, p. 695-707.

MENDES, A. D. (Ed.) *A Amazônia e o seu Banco*. Manaus: Valer, 2002.

MENDES, A. D. *A invenção da Amazônia*. 3. ed. Belém: Banco da Amazônia, 2006.

MINISTÉRIO DA AGRICULTURA, PECUÁRIA E ABASTECIMENTO. *Plano Nacional de Agroenergia 2006-2011*. Brasília: Embrapa Informação Tecnológica, 2005.

MINISTÉRIO DO MEIO AMBIENTE. Plano Nacional de Recursos Hídricos – Síntese Executiva. Brasília: MMA, 2006. Disponível em: <http://ww.ana.gov.br/AcoesAdministrativas/CDOC/Catalogo_Publicacoes/PNRHs%EDntese.pdf>.

MINISTÉRIO DO MEIO AMBIENTE E MINISTÉRIO DA INTEGRAÇÃO. *Plano Amazônia Sustentável. Diagnóstico e Estratégia*. Brasília: MMA/MI, 2004.

MINISTÉRIO DOS TRANSPORTES E MINISTÉRIO DA DEFESA. *Plano Nacional de Logística dos Transportes*. Rio de Janeiro: Centran, 2007.

MONTEIRO, Maurílio de Abreu. Meio século de mineração industrial na Amazônia e suas implicações para o desenvolvimento regional. *Estudos Avançados*, v. 19, n. 53, p. 187-208. São Paulo: IEA/USP, 2005.

MPEG. Museu Paraense Emílio Goeldi. Disponível em: <http://www.museu-goeldi.br/>. Arquivos consultados em 2006.

NASA. *Nasa Visible Earth*. Disponível em: <http://visibleearth.nasa.gov/view_rec.php?id=1605>. Arquivos consultados em 2007.

NEPSTAD, D. et al. Cenário de desmatamento para Amazônia. *Estudos Avançados*, v. 19, n. 54, p. 138-52. São Paulo: IEA/USP, 2005.

NEPSTAD, D.; MOREIRA, A; ALENCAR, A. *A floresta em chamas: origens, impactos e prevenção de fogo na Amazônia*. Brasília: PPG7, 1999.

NOBRE, C. et al. Mudanças climáticas e a Amazônia. *Ciência e Cultura*, São Paulo, Ano 59, n. 3, p. 22-6, SBPC, 2007.

NORTH, D. *Institutions, institutional change and economic performance*. Cambridge, U.K.: Cambridge University Press, 1990-1994.

PNUMA, OTCA, GEF, OEA - 2004. *Gerenciamento integrado e sustentável dos recursos hídricos transfronteiriços na bacia do rio Amazonas*. Proposta de preparação do desenvolvimento de projeto. Disponível em: <http://www.otca.org.br/gefam/index.php?page=HomePage&cat=29>. Arquivo consultado em 2007.

POLANYI, K. *The great transformation*. Boston: Beacon Press, 1944.

PPBIO. Projeto *Proteção à Biodiversidade*. Brasília: MCT, 2004.

PRADO JUNIOR, C. *Formação do Brasil Contemporâneo*. 23. ed. São Paulo: Brasiliense, 2004.

PRESIDÊNCIA DA REPÚBLICA. Plano do Ação para a Preservação e Controle do Desmatamento na Amazônia Legal. Brasília: Casa Civil/Presidência da República, 2004.

REDE NACIONAL DE PESQUISAS. Disponível em: <www.rnp.br>. Arquivos consultados em 2007.

REIS, A. C. F. *Expansão portuguesa na Amazônia nos séculos XVII e XVIII*. Rio de Janeiro: SPVEA, 1959.

RELATÓRIO DA 4ª AVALIAÇÃO DO IPCC. 2007.

ROSSI, E. C.; TAYLOR, P. J. Gateway cities in globalization: how banks are using Brazilian cities. *Tidjscbrift Mor Economische en Social Geografie*, 97(5): 513-32, 2006.

SALATI, E. Mudanças climáticas e o ciclo hidrológico na Amazônia. In: Ministério do Meio Ambiente. Causas e dinâmica do desmatamento na Amazônia. Brasília: MMA, 2001. p. 153-72.

SANTOS, T. C. C.; CÂMARA, J. B. D. (Org.). *GEO BRASIL 2002*. Brasília: Edições IBAMA, 2002.

SASSEN, S. *The global city*. Princeton, NJ: Princeton University Press, 1991.

SAVENIJE, Hubert H.G. Why water is not an ordinary economic good, or why the girl is special. In: *Physics and Chemistry of the Earth*, n. 27, p. 741-44, 2002.

SCOTT, A. J. *Global City* – Regions. Trends, Theory, Policy. Oxford/New York: Oxford University Press, 2001.

SIRONNEAU, J. L'eau, défi géoéconomique mondial majeur. *Revue Française de Géoéconomie*, n. 4, hiver 1997, 1998.

SUFRAMA. Disponível em: <www.suframa.gov.br>.

TAYLOR, P. J. *Specification of the world city network*. Geographical Analysis, 33, p. 181-94, 2001.

_____. *World city network*: a global urban analysis. London/New York: Routledge, 2004.

T&C AMAZÔNIA. Tema: Biodiversidade e exploração sustentável. Manaus: Fucapi, Ano 1, n. 3, 2003.

TRANCOSO et al. Sistemas de informação geográfica como ferramenta para o diagnóstico e gestão de macrobacias no arco do desmatamento na Amazônia. In: XII SIMPÓSIO BRASILEIRO DE SENSORIAMENTO REMOTO. *Anais*. Goiânia, Brasil, 16-21 abril, 2005. INPE, p. 2405-12.

TUCCI, C. et al. *Gestão da água no Brasil*. Brasília: Unesco, 2001.

UNESCO. Disponível em: <http://webworld.unesco.org/water/ihp/db/shiklomanov/part'2/FI_13/FI_13.html>. Arquivos consultados em 2007.

VIRILIO, P. *Guerra pura*. Rio de Janeiro: Brasiliense, 1976.

As referências dos boxes de Erico Pereira-Silva estão disponíveis no endereço <http://www.ofitexto.com.br/futuroparaamazonia

Bertha K. Becker – Dra. em Ciências, Livre Docente pela Universidade Federal do Rio de Janeiro (1970) e Professora Emérita da mesma Universidade (2002). Dra. Honoris Causa pela Universidade de Lyon III (2005). Membro da Academia Brasileira de Ciências (2006). É professora, pesquisadora, e coordenadora do Laboratório de Gestão do Território (LAGET) junto ao Departamento de Geografia da UFRJ. Foi agraciada pela *American Geographical Society* com a *David Livingstone Centenary Medal*, pela FAPERJ com a Medalha Carlos Chagas Filho, de Mérito Científico e com a Ordem Nacional do Mérito Científico e a Ordem do Rio Branco. Participa de vários comitês científicos nacionais e internacionais, tendo sido vice-presidente da União Geográfica Internacional (1996-2000) e Membro do Grupo Internacional Consultivo do Programa Piloto para Proteção das Florestas Tropicais Brasileiras (1993-2004). Tendo feito inúmeras consultorias a Órgãos Governamentais.

Sua área principal de pesquisa é a Geopolítica do Brasil, particularmente da Amazônia.

E-mail: bbecker@acd.ufrj.br

Claudio Stenner – Bacharel e licenciado pela Universidade Federal de Juiz de Fora (UFJF) e mestre em geografia pela Universidade Federal do Rio de Janeiro (UFRJ). É geógrafo, gerente de Regionalização da Coordenação de Geografia do Instituto Brasileiro de Geografia e Estatística (IBGE) e pesquisador, na linha de pesquisa geopolítica da Amazônia, do Laboratório de Gestão do Território (LAGET/UFRJ).

Impressão e Acabamento
Prol